知の生態学の冒険　J・J・ギブソンの継承　1
The Ecological Turn and Beyond: Succeeding J. J. Gibson's Work

Robot: For Symbiotic Relationship with Humans

岡田美智男
Michio Okada

ロボット

共生に向けたインタラクション

東京大学出版会

The Ecological Turn and Beyond: Succeeding J. J. Gibson's Work
Vol. 1 Robot: For Symbiotic Relationship with Humans
Michio OKADA
University of Tokyo Press, 2022
ISBN 978-4-13-015181-8

知の生態学の冒険
J・J・ギブソンの継承

1

ロボット――共生に向けたインタラクション　目次

シリーズ刊行にあたって――生態心理学から知の生態学へ v

序 1

第1章 まわりを味方にしてしまうロボットたち……7
1 〈お掃除ロボット〉のふるまいを観察してみる 8
2 〈ゴミ箱ロボット〉の誕生 17
3 わたしたちとロボットとの相補的な関係 30

第2章 ひとりでできるってホントなの?……35
1 「ひとりでできるもん!」 35
2 冗長な自由度をどう克服するのか 39
3 機械と生き物との間にあるロボット 47
4 おぼつかなく歩きはじめた幼児のように 58
5 〈バイオロジカルな存在〉から〈ソーシャルな存在〉へ 68

第3章 ロボットとの社会的相互行為の組織化……71
1 街角にポツンとたたずむロボット 71
2 〈アイ・ボーンズ〉の誕生 74
3 ティッシュをくばろうとするロボット 84

4　〈アイ・ボーンズ〉との微視的な相互行為の組織化　94

第4章　言葉足らずな発話が生み出すもの……105

1　言葉足らずな発話による会話連鎖の組織化　105
2　日常的な会話に対する構成論的なアプローチ　114
3　今日のニュースをどう伝えるか　124
4　ロボットたちによる傾聴の可能性　138
5　大切な言葉をモノ忘れしたらどうか　143

第5章　ロボットとの〈並ぶ関係〉でのコミュニケーション……149

1　公園のなかを一緒に歩く　149
2　ロボットと一緒に歩く　154
3　〈自動運転システム〉はどこに向かうのか　168
4　ソーシャルなロボットとしての〈自動運転システム〉に向けて　172

あとがき　185
引用・参照文献　193

シリーズ刊行にあたって――生態心理学から知の生態学へ

本シリーズは、ジェームズ・ジェローム・ギブソン（James Jerome Gibson, 1904–1979）によって創始された生態心理学・生態学的アプローチにおける重要なアイデアや概念――アフォーダンス、生態情報、直接知覚論、知覚システム、視覚性運動制御、知覚行為循環、探索的活動と遂行的活動、生態学的実在論、環境の改変と構造化、促進行為場、協調など――を受け継いだ、さまざまな分野の日本の研究者が、自身の分野の最先端の研究を一種の「エコロジー」として捉え直し、それを「知の生態学」というスローガンのもとで世に問おうとするものである。

ギブソンが亡くなって四〇年余りの歳月が流れた。この間に「ギブソン・ブーム」「アフォーダンス・ブーム」と呼びたくなるような生態学的アプローチへの注目が日本でも何度かおとずれた。しかしながら、ギブソンそして生態学的アプローチのインパクトは、哲学的・原理的なレベルでの考察に到達しない限り、気の利いた概念のつまみ食いになってしまう。幸いにも心の哲学や現象学という分野の一部では、かつてこの分野を席巻していた観念論的な傾向が厳しく退けられるようになり、行為と実在との関係を核とした新しい実在論あるいは新しいプラグマティズムが勢いを増している。そして、身体性認知科学やロボティクスといった、工学に親近性を持つ分野では、Embodied（身体化された)、Enactive(行為指向の)、Embedded(埋め込まれた)、Extended(拡張した)、という四つのEの発想のもと、認知のはたらきを身体や環境の一部までも含んだ一大システムのはたらきとして捉えることが半ば常識となった。こうした動向は生態学的アプローチの発想の深い受容を示している。

しかし他方、生態学的アプローチのもう一つの本質であるラディカリズムについては、心のはたらきの科学的研究の中核部において深く受容されているとは言い難い。なぜなら心の科学の発想にはいまだに反生態学的な姿勢が根強く見られるからである。その証拠に、心の科学での問題解決は、相変わらず専門家による非専門家(一般人)の改良を暗黙のパラダイムとしている。たとえば、各人の発達の過程を社会的に望ましいものに変えること、各人のもつ障害を早期に「治療」すること、各人の心理的な問題を解決して社会に適応できるようにすること、従業員が仕事に従事する動機を高め生産性を上げること、社会規範に合わせて自分の行動傾向を自覚することなどが奨励されている。専門家が人々の内部に問題の原因を突き止める、そしてそれに介入することで解決を図る。病の源は個々人の内にあり、それを取り除くために専門家に頼る、逆に非専門家の側も専門家による介入を正しいと思ってしまう……この頑強な発想が当然のごとく受け入れられている。心のはたらきを探究する脳神経科学も同様の陥穽にしばしば陥っている。まるで、最終的に人がどう振る舞い何をなすべきかについて専門家たちに伺い立てるように仕向ける暗黙のバイアスが、心をめぐる科学の発想には内蔵されているかのようである。

あえて言おう。このような科学観の賞味期限はすでに切れた。生態学的アプローチのラディカリズムとは、真の意味で行為者の観点から世界と向かい合うことにある。それは、自らの立場を括弧に入れて世界を分析する専門家の観点を特権視するのではなく、日々の生活を送る普通の人々の観点、さらには特定の事象に関わる当事者の観点から、自分（たち）と環境との関係を捉え直し、環境を変え、そして自らを変えていくことを目指す科学である。

生態学的な知とは何か。それは、ある事象の存在の特徴・体制・様式を知ることが、それを取り囲む環境の存在を知り、環境とどのような関係を結びながら時間の経過とともに変化や変貌をとげていくのか、また環境にどのような変化が生じるのかということを知ることに等しいと見なす、そうした知である。

生態学的アプローチは、このような知の発想を生き物の知覚と行動の記述と分析に持ち込んだ。この発想は、モノや料理を作る工作者として、子どもの発達や学習に関わる養育者として、日々の人間関係と人脈づくりに翻弄される市井の人として、わたしたちがそれと自覚することなく行っている様子を、あらためて記述する際に何度も呼び出される。そして、この様子の丁寧な記述のなかからこそ、これまで見えていなかったわたしたちと環境との関係が見えるようになる。わかってくるのは、自分を変えること、自らの行為を変化させることが、実は、自分を取り囲む環境を変えること、周囲の実在との関係を変化させることと等価であるということだ。つまり、わたしたちの生は、周囲と周囲にいる他者との時間をかけた相互作用・相互行為であることがわかってくるのだ。わたしたちがどう生きるのか、何をなすべきかを考える始点は、環境に取り囲まれた存在の生態学的事実に求めなくてはならない。知の生態学は、生きている知を取り戻す、いわば知のフォークロアなのである。

本シリーズでは、こうした生態学的な知の発想のもと、生態学的アプローチの諸概念を用いながら、執筆者が専門とするそれぞれの分野を再記述し、そこで浮かび上がる、人間の生の模様を各テーマのもとで提示し、望ましい生の形成を展望することを目的としている。このシリーズの執筆者たちは、二〇一三年に東京大学出版会より刊行されたアンソロジーシリーズ「知の生態学的転回」三巻本（第1巻『身体』、第2巻『技術』、第3巻『倫理』）にも寄稿しており、そこでは、「生態心理学を理論的中核としながら、それを人間環境についての総合科学へと発展させるための理論的な基礎作りを目的」（同書「シリーズ刊行にあたって」）としていた。前シリーズでは、生態学的アプローチがいかに多様で学際的な学問領域へと適用できるかという可能性を追求し、このアプローチが開拓する新しいパースペクティブを広範な読者に知ってもらうことを目指した。今回新たにスタートしたシリーズ「知の生態学の冒険　J・J・ギブソンの継承」は、前シリーズで貢献した著者たちが、それぞれの専門分野とトピックにおいて生態学的アプローチを十全に、しかも前提となる知識をさほど必要とせずにできるかぎりわかりやすく展開することを目指している。

本シリーズのテーマの特徴は、第一に、身体の拡張性、あるいは拡張された身体性に目を向けていることである。生態学的アプローチの研究対象は、身体と環境、ないし他の身体とのインタラクションである。しかしその「身体」とは、もはや狭い意味での人体に止まらない。岡田美智男の第1巻『ロボット』は、ロボットという身体の示す「弱さ」や「戸惑い」に人間が引き寄せられ、人間がロボットとともに生きていく共生の可能性が描かれている。柴田崇の第4巻『サイボーグ』は、人工物とは根本的に人間にとって何であるのか、サイボーグについての既存の語りを通して人工物を考えるための新しい見取り図を提案しようとする。長滝祥司の第6巻『メディアとしての身体』は、身体を世界と他者と交流するメディアととらえ、身体的な技能と技術を探究しながら、ヒューマノイド的な身体が根源的な「傷つきやすさ」を纏っているとの認識に到達する。谷津裕子の第5巻『動物』は、動物福祉学や動物倫理学の知見を踏まえ、これまでの人間の動物への態度を問いなおす論考である。動物と人間の生の連続性を見据えて、どのように動物と関わることが、ひと、動物、環境がよりよく共生していく道を切り開いていく助けとなるのかが追求される。

もうひとつの重要なテーマは、人間における間身体的な関係への注目である。田中彰吾は第3巻『自己と他者』で、脳が世界と交流する身体内の臓器であることを強調しながら、自己の身体の経験が、発達の最初から他者との関係において社会的に構成されることに着目する。環境とは、人間にとってもそもそも社会的なものなのである。河野哲也は第2巻『間合い』で「間合い」という日本の伝統的な概念を掘り下げ、技能・芸能、とりわけ剣道と能、日本庭園に見られる生きた身体的な関係性としての間合いの意味を明らかにする。熊谷晋一郎の第8巻『排除』は、相模原市障害者福祉施設での大量殺傷事件を考察の起点に置き、当事者の視点に立ちながら、障害者を排除する暴力が生み出されやすい環境とは何か、ソーシャルワーク分野において暴力が起きうる環境条件とは何かを探る。

そしてアフォーダンスの概念の深化である。森直久の第7巻『想起』は、体験が記憶として貯蔵されており、その検索と復元が想起であると考える従来の記憶観を、生態学的アプローチから鋭く批判し、体験者個人に帰属されるアフォーダンスの体験の存在を担保しながら、想起状況の社会性や集合性を考慮し、動的な時間概念を導入した新たな想起論を提示する。三嶋博之と河野哲也、田中彰吾は、本シリーズ最終巻『アフォーダンス』において、ギブソンの「アフォーダンス」の概念と、そのアイディアの継承者たちによる展開について整理しつつ論じ、その理論的価値について述べる。

執筆者たちの専門分野はきわめて多様である。生態学的アプローチのラディカリズムと醍醐味をより広くより深くより多くの人々に共有してもらえるかどうか——本シリーズでまさに「知の生態学」の真意を試してみたい。

二〇二二年一月

河野哲也・三嶋博之・田中彰吾

序

なにげなくとか、行き当たりばったりに……など、学術的な言葉としてどうかと思うけれど、あまり考え込まずに、少し肩の力を抜いたくらいの方がうまくいくことも多い。

退屈しのぎにノートの片隅に描く落書きなどもその一つだろうか。なにげなく描いた線にもかかわらず、妙に味がある。その線に触発されて、またペンを動かしてみると、そこに思ってもいなかった絵が浮かび上がる。それは決して慎重に練られたものでも、練習を繰り返すことで描かれるものでもない。フリーハンドの言葉通りに、なにげなく動かした手や指の動きをたまたま紙とペンとの間にある摩擦が制約していただけのこと。まったく同じような絵を描こうとして、手やその指先をこわばらせていたのでは、こうした柔らかな線はなかなか生まれてこない。

器用に手を動かす、上手に絵を描く――。もともと手筋がいいのだという見方もあるけれど、自らの手や指を一方的に操ることではない。いつの間にか、紙とペンとの間の摩擦を上手に生かしている感覚も消えて、ペンを操る指先と紙とが〈ひとつのシステム〉を作り上げている。そのことなしには、文字を書くことすらままならない。

ふらりと街のなかを歩くときなどはどうだろう。この頃はスマホの地図アプリなどに頼ることも多く、なにげなく街のなかを歩く機会は減りつつある。それでも、時には「とくに当てもなく」のもいい。偶然の出会いを楽しむように、風のふくまま、気の向くままという感じだろうか。

「ちょっと退屈だから、本屋さんにでも……」と散歩をかねて、いつもとは違う通りに足を向けてみる。すると、しばらく歩き出したところで風変わりな看板が目についた。「あれは、何屋さんなのだろう?」と、小さな路地に歩を進めると、かわいい珈琲屋さんの窓明かりが見えてくる。本屋さんに向かおうとしていたのも忘れて、その店のなかの椅子に腰を下ろし、珈琲を楽しんでいたりする。

この街のなかを歩いているのは、確かにわたしなのだ。けれども、その街の通り、建物、看板、灯り、そして人の流れなどが、わたしたちの行動の一部を制約し、方向づけてもいた。「どこに向かおうかな?」という意図やゴールも、わたしたちを取り囲んでいる環境との交渉のなかで一緒に作られるものだろう。この街と一緒に〈ひとつのシステム〉を作り上げている感じが心地よい。すべての判断やその責任を自分だけで担う必要もなくなり、ちょっと肩の荷が下りた気分になる。思いがけない出会いも、このなにげないところから生まれてくるのだろう。「行き当たりばったりに」という語感を超えて、そこにはもう少し深い意味があるように思う。

この「あまり考え込むことなく、まわりに半ば委ねてしまおう!」という行動スタイルは、すでに身近なところで活躍しているロボットとも無縁ではない。その一つは、いわゆる〈お掃除ロボット〉だろうか。初期のモデルはとてもシンプルで、その制御方法も大雑把なものだった。「人にぶつかったら危ないのではないか」との心配をよそに、部屋の壁に向かって突き進む。「ぶつかるのを承知で、なぜコイツは壁に向かっていくのか」といつも思うけれど、自らの能力の限界を素直に認めて、それを隠すことなく、さらけ出すことを徹底している。

人にぶつかり、ケガをさせることが少ないのは、このロボットが幾重にも安全装置を備えているからではない。むしろ、まわりの人たちが上手に避けてくれるからなのだ。床の上の障害になりそうなものを先んじてどけてあげる、そんなまわりの気遣いをも引き出しているようなのである。

さて、本書『ロボット——共生に向けたインタラクション』は、シリーズ「知の生態学の冒険」の一冊として編まれたものである。ジェームズ・J・ギブソンの創始した生態心理学では、行為主体と環境との相補的な関係を一つの「生態系（eco-system）」のアナロジーで捉えており、行為主体と環境とが〈ひとつのシステム〉を作り上げるという感覚を大切にしてきた。行為主体の一つであるロボットも例外ではないだろう。

ロボットとの〈共生〉は、いつのことになるのか。文字通り、ともに生きることなのだから、ロボットそのものが生きていないことにははじまらない。そんな時代は、しばらくはこないだろうと高を括っていた。ところがどうか、〈お掃除ロボット〉などは、すでにわたしたちの生活のなかに上手に溶け込みつつあり、一般の家庭という実環境にあっても、まだ淘汰されることなく生き延びているのだ。

このロボットは部屋のなかをお掃除してくれるものだけれど、ロボット自身は「いまここで、なにをしているのか」はわかっていないのかもしれない。ただ目の前の障害物を避けるようにして動いているだけのこともある。こういっては失礼だけれど、「すごい、すごい！」といわれるほどの機能や能力をその内部に備えているわけではないのだろう。

ただ、よくよく考えるなら、「人との共生に向けて、ロボットはどのような能力・機能を備えるべきなのか」と、とかくロボットの内部に備わるべき能力・機能に拘ってしまうのは、わたしたち研究者、技術者の悪しき習性なのかもしれない。いくつかのロボットは、すでにそうした考えに先んじて、自らの能力に拘ることなく、まわりに半ば委ねながら、そこに〈ひとつのシステム〉を作り上げようとする。あるいは、まわりを味方に引き寄せるようにして、そこで上手に生き延びているようなのだ。このカラクリをもう少し探っていく必要があるだろう。

筆者は、ここしばらく「コミュニケーション研究にロボットが使えるのではないか」との思いで、いくつかのロボットとかかわってきた。ゴミを拾い集めようとするも、自らではゴミを拾えない〈ゴミ箱ロボット〉、ティッシュをくばろうとするけれども、なかなか手渡せずにいる〈アイ・ボーンズ〉、言葉足らずな発話で、聞き手からの助け舟を引き出してしまう〈む～〉、子どもたちに昔ばなしを語ろうとするも、ときどき大切な言葉をモノ忘れしてしまう〈タクボー〉など、どれもこれまで「関係論的なロボット」、あるいは〈弱いロボット〉と呼んできたものである。

もともと、ロボット技術に関してはほとんど素人であったこともあり、これまでラボの学生たちと一緒に手作りしてきたロボットは、いずれもシンプルでローテクなものばかり。そうしたことも幸いしてか、いつの間にかロボットの個体としての能力や機能に拘るのではなく、むしろまわりとの関係性に目を向けるようになった。「そもそもソーシャルなロボットなのだから、まわりの人に手助けしてもらうのもアリなのではないか……」というわけである。

高度な知性を備えたロボットがわたしたちと共生するところまで、すぐには手が届きそうにない。それなら、まわりの環境や他者との相補的なかかわりのなかから発現する〈生態学的な知〉を丁寧に追いかけながら、一つひとつ積み重ねていくアプローチもあるのではないか。本書では、生態心理学的な視点を踏まえつつ、筆者らの〈弱いロボット〉たちとのかかわりも手掛かりとして、人とロボットとの共生に向けたインタラクションの様式を一つひとつ探っていきたいと思う。

第1章 まわりを味方にしてしまうロボットたち

ロボティクスやインタラクティブ・メディアの世界には、「パブリッシュ・オア・ペリッシュ（Publish or Perish）」ならぬ、「デモか、死か（Demo or Die）」という言葉がある。アニメーションが静止していては意味をなさないように、ロボットなども静態展示されていたのでは、その魅力は伝わってこない。「理屈やアイディアを語るのもいいけれど、とりあえずはデモンストレーションして見せてよ！」ということなのだ。

わたしたちの身近にある〈お掃除ロボット〉などはどうだろう。ロボットが床の上に置かれ、静止した状態にあっては、一般の家電製品と同じようにただのモノに過ぎない。しかし、それがひとたび動きはじめると、なぜか生き物のようにも見えてくる。このことは、じっとプログラムだけを眺めて

いては感じることのできなかったものだろう。

このロボットには「その場に置いて動かしてみないことには……」という側面もある。どのようなところで動かすのかにより、〈お掃除ロボット〉の働きぶりも、それに対するわたしたちの印象も変わる。「その場に置かれなければ、そうしたロボットの動きは生まれなかった」ということは、その場の力を借りていたのであり、ロボットの存在がその場の働きを引き出してもいる。ロボットとそれを取り囲んでいる環境との間には、どこか相補的な側面があるのだろう。

1 〈お掃除ロボット〉のふるまいを観察してみる

(1) 風のふくまま、気の向くまま

〈お掃除ロボット〉のふるまいについて、もう少し詳しく見ておこう。

ひとまずロボットの電源ボタンを押してみる。すると一瞬あたりを見まわし、なにか狙いを定めたかのようにして、まっすぐに進みはじめる。部屋の壁などにぶつかり、それ以上は進めないと判断するや、すかさず身体をクルリと回転させ、壁にその背中を押されるように、新たな方向へと動き出す。あるときは椅子やテーブルの脚などにぶつかり、ぶつかりしながら、小刻みに進行方向を変える。なにを思ってか、ふと立ち止まり、今度は反対方向に進みはじめることも。「風のふくまま、気の向くまま……」とは、このことだろう。

どこか行き当たりばったりに思えるけれど、これはこれで理にかなっているようだ。部屋のなかの椅子やテーブル、床の上に無造作に置かれたモノたち、これら実環境において想定されるすべての事態に対して、あらかじめプログラムのなかで備えておくのは現実的ではない。それに周到に準備されたプランでは、どこか独りよがりな行動を生みやすく、柔軟性を欠いてしまう。そこで「自らの力だけでなんとかしなければ」という拘りを捨てて、いくつかの選択肢を残したまま、まわりに半ば委ねてみる。そうした姿勢がまわりの強みを引き出し、味方にしてしまうようなのだ。

まずクローズアップしたいのは、部屋の壁の意外な働きである。「部屋の壁にぶつかり、それ以上は進めない」など、ロボットの進行を妨げていた張本人でもあるけれど、見方を変えるなら、ロボットの運動自由度の一部を制約し、次の動きを方向づけてもいた。「これ以上は進めないから、今度は向こうの方に進んでみたら……」と、アドバイスでもしているかのようである。

自らの判断だけで「部屋のなかを自在に動きまわっている」ように見えたけれども、こうした機能がすべてプログラムのなかに作り込まれていたのではない。その動きの一部は、ロボットの行き当たりばったりな行動様式とその一部を制約する部屋の壁との連携から立ち現れたものだろう。

あらゆる情報を抱え込み、自らの判断だけで行動するのではなく、「この部屋のことは、この壁に聞いてみたらいい」ということだ。どうなってしまうかわからないけれど、せっかくなので、まわりに半ば委ねてみる。ロボットにとって、自らの制御の一部を手放すのはリスクも伴うことだけれど（現に玄関の段差から落下し、そのまま力つきてしまうこともある）、「全部、自分で！」という拘りを捨ててみると、そこに軽快さも生まれる。くわえて、「ロボットの制御の一部をなんと部屋の壁が担ってくれた!」というように、まわりの意外な働きを引き出すのである。

テーブルや椅子の脚、ソファーなどの「障害物」とのかかわりはどうだろう。これらもロボットが自在に動きまわる上で、その妨げとなるものだけれど、どうも様子が違う。ソファーの縁、無造作に置かれた椅子など、それらと絡むようにして、ちゃっかり新たな進行方向を見いだし、部屋のなかをまんべんなく動きまわる。床の上のホコリを取りこぼすことなくお掃除できるのは、ロボットの行き当たりばったりな行動様式と無造作に置かれた椅子との連携によるものかもしれない(岡田、二〇一七)。そんなふうに考えてみると、なかなかおもしろい。目の前の「制約」や「障害」とうまく対峙し、それらをチャンスに変えてしまう。「まぁ、偶然が味方をしただけではないか」との見方もあるけれど、周到に準備されたプランに基づいて行動していては、こうした偶然の出会いはなかなか生かせないのだ。

〈お掃除ロボット〉の行き当たりばったりに見えた行動、それは「こっちには進めるんだろうか」と自らの行為の可能性を探りつつも、「なにか使えるものはないか」とまわりにある手掛かりやその働きを探ろうとするものだ。それとて、ロボットのなかに明確な意識があったとは思えない。その身体のなにげない、まわりに半ば委ねたような行為こそがもたらしたものだろう。

(2) ロボットの〈生き物らしさ〉はどこから?

〈お掃除ロボット〉は、「どのような場所で動作させているのか」により、そのふるまいに対するわたしたちの印象も変わってしまうことがある。それはどういうことだろう。

例えば、ロボットを体育館のような広いところで走らせてみる。シンプルで平坦な環境にあっては、その進行を妨げるものもなく、ただまっすぐに進み続けることだろう。まわりとの接触機会も少ないためか、わき目もふらずに、プログラムに従ってひたすら動くだけ。どこか閉じた〈機械〉をイメージしてしまう。ひたむきだけれど、融通が利かない。洗濯機の「お任せモード」と同じで、「まぁ、あとは任せたよ!」と、少し距離を置きたくなることだろう。

もう少し小さな部屋のなかでの動きはどうか。部屋の壁にぶつかるたびに、「しょうがないなぁ」とばかりクルリと回転し、次の方向へとまた進みはじめる。反射的でシンプルな動きにもかかわらず、どこか生き物のようにも感じられるのだ。

このときロボットが〈物理的な身体〉を備えていることの意味は大きい。ある場所を占め、その動きには向きがある。「部屋の壁にぶつかると、それ以上は進めない。仕方なく、その向きを変える」のは当たり前なことだけれど、それだけで親近感を覚えてしまう。モノにぶつかって弾かれる動きとも、プログラムのようなもので作り込まれた動きとも違う。行き当たりばったりにもかかわらず、なにか探し物でもしているかのように映る。「どこに向かおうとしているの?」と、その動きを思わず追いかけてしまうのである。

普段、わたしたちは「よもや機械に心が宿ることはあるまい」と考えている。それでも、目の前のロボットのふるまいの意味を解釈し、その動きの先を予測するとき、そこに物理的な法則やプログラムの存在を仮定するだけでなく、「その背後になんらかの意図があり、それに沿って合目的的にふるまっているのではないか」と捉える方がしっくりくることもある。これはダニエル・デネット(Dennett, 1996)の指摘した「志向的な構え(intentional stance)」と呼ばれるものだろう。

テーブルや椅子の脚などに囲まれたところでは、ロボットの動きもせわしなくなる。複雑な環境がロボットのセンサやアクチュエータに頻繁に活躍する機会を与えているのだ。それでも、わたしたちの目には、このロボットが「いろいろなところに目をくばりながら甲斐甲斐しく働いている」ように映る。あるいは袋小路に入り込んでは、そこから這い出そうと慌てていたり、なんとか出口を見つけて、ホッとしたように動き出す姿などに、思わず自分を重ねてしまう。どこか他人事には思えないのだ。

部屋の隅にあっては、コツンコツンと壁に沿うようにして丹念にホコリをかき集める。その仕草がなかなか健気でかわいい。そんなとき、ちょっといたずらをしてみてもおもしろい。その動きを足でふさごうとすると、「ちょっと、お掃除のじゃまをしないでよ!」と小突いてくる(ようにも思われる)。左右に小さく身体を揺らしながら、その場から逃れようとする。それはとても迷惑そうな仕草として映るのだ。

先ほど、広い空間にあってはどこか融通の利かない〈機械〉に見えた。乱雑にモノが置かれたところにあって、それらにぶつかり、ぶつかり移動する姿はどこか〈生き物〉のようでもあり、甲斐甲斐しく働く姿にも映った。ちょっといたずらしながらかかわってみると、それに気づいてなのか、足をツンツンと小突いてくる。その動きは、わたしたちに向けられたもののように思われ、わずかながら〈ソーシャルなかかわりのようなもの〉も感じるのだ。

これらは大いなる錯覚なのだろうか。ロボットを取り巻いている環境の変化によって、そのふるまいも変わる。わたしたちの構えにも影響を及ぼすことで、ロボットを取り巻く環境は、物理的なものから、わずかにソーシャルな性質を帯びるものとなる。それはロボットのふるまいの質をまた変化させることだろう。

発達心理学者のケネス・ケイ（Kaye, 1982）は、『親はどのようにして赤ちゃんをひとりの人間にするか』のなかで、「子どもはその周囲から人として扱われることで、人になっていくのだ」という。〈お掃除ロボット〉はヒトにはなれないけれど、わたしたちに囲まれているときには、〈生き物らしさ〉や〈ひとらしさ〉のようなものを感じることがある。同時に、そんなロボットとかかわっているとき、わたしたちはなぜかやさしい気持ちにもなる。

参照フレーム問題として知られるように、「そこに意図があること」と「そこに意図を感じること」の間には、大きな開きがある。それでも人とロボットとのかかわりを議論していく上では、観察者からの見えや対象に対する構えの変化は無視できない。くわえて、とても興味深いのは、〈生き物らしさ〉や〈ひとらしさ〉は、個体に固有なものとして備わった属性なだけでなく、まわりとの多様なインタラクションの様式から立ち現れてくるようなのである。

(3) まわりの人を味方にしてしまう

〈お掃除ロボット〉を家庭のなかで動作させるには、本来はさまざまな事態を想定しておく必要がある。小さな子どもにぶつかり、ケガをさせることはないか。蚊取り線香などを倒して、火災を起こすことはないか。それらを一つひとつ網羅し、備えておくのは無理というものだろう。このロボットが一般家庭という実環境にあって、まだ淘汰されることなく、生き延びることができていることに驚いてしまう。

〈お掃除ロボット〉としばらく一緒に暮らしてみると、〈拙さ〉や〈不完全なところ〉もいくつか気になってくる。お掃除してくれるはずが、床の上に置かれたスリッパを引きずりまわし、部屋のなかに散らかしてしまう。ケーブル類を巻き込んではストップしていたり、玄関などの段差から落ちてしまい、そこから這い上がれずに力つきてしまうこともある。

どこか不完全なのだけれど、なんだかかわいい、放っておけない気にさせるから不思議なものである。ロボットの張り切っている姿を見るにつけ、「自分もなにかしなくては……」と、自分のやれることを思わず探ってしまうのだ。

まわりからの応援を引き出してしまう、このロボットの〈拙さ〉はどこからくるものなのか。能力がただ劣っているからではないだろう。「どうなってしまうかわからないけれど」と、いろいろなところに果敢に挑もうとする。多少の失敗をものともせず、あっけらかんとしている。こういう〈拙さ〉は、どこか自分にも思い当たるところがある。「自分の力だけで、なんとしても……」という拘りを捨て、不完全ながらまわりに委ねてしまう。例の行き当たりばったりな行動スタイルである。そんな外に開いたロボットの姿勢に対して、わたしたちも応えずにはいられないのだ。

ロボットの進行に先んじて妨げになりそうなものをどかしてあげる。袋小路に入り込むことのないようにと、テーブルや椅子を整然と並べ直す。観葉植物の鉢のレイアウトを変え、玄関にあるスリッパをせっせと下駄箱のなかに戻す。「なんだか手間のかかるロボットだなぁ」と思いながらも、まんざら悪い気はしない。ロボットに掃除してもらうのもうれしいけれど、ほんの少し手助けになれているという感覚も捨てがたい。一緒に手を動かすなかで、いつの間にか部屋のなかも整然と片づいていたりする。気のせいか、ロボットの動きも快調になり、どこか楽しそうにも感じられるのだ。

わたしたちとロボットは、ここでお掃除することを競い合っているのではない。ときおりケーブルを巻き込んでストップしてしまうが、〈お掃除ロボット〉は床の上のホコリを吸い集めることに長けている。わたしたちに支えられながら、自らの行為の可能性を探りつつ、黙々と自分のやれることに専念している。

一方で、わたしたちもロボットの不完全なところを補いながら、「このロボットのためになにができるのだろう」と自らの行為の可能性を探っているところがある。ホコリを丹念に吸い集めることはできないけれど、ロボットに先んじて進行を妨げるモノを取り除くような予測能力には優れている。

部屋のなかのレイアウトをデザインし、たやすく変えることもできる。こうして相手の〈拙さ〉を補おうとするなかで、自分の役割や立ち位置を見つけることができるのはうれしいものだ。

「ホコリを吸い集めるのは、あなたに任せましたよ！」「テーブルや椅子のレイアウトの調整については、わたしに任せてね！」とお互いに仕事を分け合う。不得手なところを相手に委ねながら、一方で自分の〈強み〉を生かそうとする。人とロボットとの間でも、そんな連携というか、棲み分けは小気味いい。ようやく自分の居場所を見つけ、ほっとする感じだろうか。その意味で、わたしたちも自らの立ち位置を見いだす上で、少しはロボットの手を借りていたということだろう。

まだ拙さも残る〈お掃除ロボット〉が実世界で生き延びているのはどうしてなのか。こうして考えてみると、人とロボットとの〈共生〉とは、必ずしもお互いの個々の能力を高め合うことばかりではない。ポイントの一つは、「自分の判断でなんとかしなければ……」という拘りを捨てて、その一部をまわりに委ねてみることだ。自らの〈不完全なところ〉を自覚しつつ、それを適度にさらしてみる。行き当たりばったりにも思えたロボットのふるまいが部屋の壁に意外な役割をもたらしたように、そんな姿勢がまわりの手助けや〈強み〉を引き出すものとなる。まわりを味方にして、〈ひとつのシステム〉を作り上げてみる。すると、はじめに気になっていたロボットの〈拙さ〉や〈不完全なところ〉は、いつの間にか、その豊かなかかわりのなかに隠れてしまうのである。

2　〈ゴミ箱ロボット〉の誕生

(1)〈思考の道具〉としてのロボット

「ぶつかるのを承知で、なぜコイツは壁に向かっていくのか……」とは、先の〈お掃除ロボット〉だけのことではない。ロボットの制作などで格闘していると、日々の研究活動も同じようなものかもしれないなぁと思う。予算や技術的な制約など、目の前に立ちはだかる壁が背中を押してくれたり、思いがけない出会いをもたらすことも多い。ここで紹介する〈ゴミ箱ロボット〉も、いくつかの偶然が重なるようにして生まれてきたものである(岡田、二〇一二)。

ゴミ箱のような姿をしたロボットが公共の広場をただヨタヨタしながら歩いていたらどうか。ロボットたちが群れをなして、つかず離れずトボトボと歩いているとか。

「あなたたちのリサーチクエスチョンって、それなんですか?」とツッコミが入りそうだけれど、わたしたちのプロジェクトは、そんなふうにしてはじまることが多い。「ロボットと共生するって、どういうことか」との、ばくぜんとした問いに対して、「ああでもない、こうでもない」と考え続けるのもいいけれど、「とりあえずは動かしてみよう。動かしながら考えてみよう!」というわけだ。〈思考の道具〉としてロボットを捉え直してみると、なかなかおもしろい。机上での思考実験の枠を越えて、子どもたちの日常の生活のなかに、たやすく入り込んでしまうのである。

あるとき「ゴミ箱の姿をしたロボットを作ってみよう！」と、ラボの学生たちと〈ゴミ箱ロボット〉なるものを作りはじめた。当初は、「ロボットなのだから、勝手にゴミを拾い集めてくれるんでしょ！」という期待も感じて、自らの手でゴミを拾い集めるような自律的なロボットの姿を思い描いてみた。ロボットが広場のなかを動きまわり、ゴミを見つけては上手に拾い上げ、ポイッと自分のゴミ収納バスケットに投げ入れる。そんなかしこいロボットがいてくれたら、きっと街のなかもきれいになるはず。

でもどうなのだろう。子どもたちが無造作に捨てたゴミをロボットが黙々と拾い上げている姿は、あまり健全なものに思えない。それと、ゴミを摘み上げるロボットハンドの具体的な機構を考えてみると、そうたやすいものではない。ゴミを見つけると、そのターゲットに合わせて腕を伸ばし、指先で上手に摘もうとする。しかし、コツンと床に指先が触れるたびに跳ね返され、なかなか拾えない。ただゴミを拾い集めるだけなのに、これでは火星などで鉱物採取するような物々しいものになってしまう。

そんなことを議論するなかで、少し苦し紛れではあったけれど、「ゴミを拾うのが難しいのなら、まわりの子どもたちに手伝ってもらってはどうか」と、ちょっと他力本願ともいえる考えが浮かんできた。「少し手のかかるくらいのロボットはどうか」というわけである。

「ゴミを拾い集めるロボットなのに、手も腕もついていないの？」「それではただのゴミ箱なのでは……」と、当初はロボット関連の研究者からは、まったく相手にされないものだった。日々新たな

図1　初期の〈ゴミ箱ロボット〉のプロトタイプ
ランドリーバスケットにカメラやモータ，センサなどを取り付けたシンプルなロボット．ヨタヨタしたふるまいが人からの志向的な構えを引き出してしまう（2007年頃）．

技術を追究する工学の立場からも、どこか手を抜いているようで胸を張れるようなアイディアではなかったのである。ちょっと気はずかしくもあったけれど、「でもロボットならはずかしくはないのではないか。まだ世間体を気にすることもないのだから」と思うことにした。それなら「そのままをさらけ出してみたらどうか」と。

(2) ヨタヨタした〈ゴミ箱ロボット〉との遭遇

〈ゴミ箱ロボット〉を子どもたちの集まる公共施設の広場に連れていき、さっそく動かしてみた（Yamaji, et al., 2011)。手作り感のあふれるロボットは、なんのてらいもなく、広場をヨタヨタしながら動きまわる。すると、それに気づいた子どもたちも少しずつ集まってくる。「なんだ、コイツは？」というわけなのだろう。

「ゴミ箱」の姿をした得体の知れないモノが子どもたちと同じ広場のなかにいて、ただ動きまわる。それだけなのに、「どこに向かおうとするのか、なにをしようとしているのか」と気になってしまう。まわりの人もぶつからないように気を遣いながら歩く。わたしたちの行動や構えにも少なからず影響を与えてしまうのだ。

子どもたちの遊びの場にはブロッククッションなどが無造作に置かれてあり、それが妨げとなって、先に進めずにモタモタしている。〈ゴミ箱ロボット〉のそんな姿を目にするだけで親近感がわく。〈お掃除ロボット〉に対するのと同じで、「それをどかしてあげなければ……」と思わず気持ちが動いてしまう。なぜか他人事として放っておけないのである。

しばらくの間、子どもたちは〈ゴミ箱ロボット〉が動きまわる様子を少し離れたところから見ていたけれど、もう少し近づいて、いたずらをはじめる子どもも現れた。「コイツはどのようなモノなのか、どう絡むことができるのか」と、その素性を特定し、かかわり方を探ろうとする作業なのだろう。ヨタヨタと歩く〈ゴミ箱ロボット〉の進行を阻んでみたり、目とおぼしきカメラのところに手をかざして塞いでみる。その身体を揺すったり、床の上に腰を下ろして、ロボットの内部の様子を下からのぞき込んでみたりする。

このロボットは、なにかをアピールするわけでもなく、多くを子どもたちに委ねているところがある。押しつけのないことがむしろさまざまな解釈を引き出すのだ。先に触れたデネットの志向的な構えに関する議論に対応させるなら、一つはモノとしての解釈だろうか。その身体を強く揺すっていたら、バランスを崩すようにして倒れてしまった。すぐさま起き上がるふうでもない。そこでロボットがただ倒れているのを他の子どもが目にするとき、「あぁ、このロボットはちょっと疲れたから、横になっているのだな……」とは思わない。「だれかにぶつかって、その拍子に倒れたのではないか」と、そんな物理的な法則に当てはめ解釈することだろう（＝物理的な構え）。

もう少しロボット好きの子どもたちであれば、内部の様子を下からのぞき込み、「どんな機構なのか、それはどのようにプログラムされているものなのか」と、その背後にある仕掛けが気になることもある（＝設計的な構え）。それらを一通り確認したところで、その場を静かに離れていく子どもや、その期待を大きく外してしまったのか、「たいしたことないじゃないか！」と、かるく蹴るような仕草をして、その場を後にする子どももいる。

ロボットのふるまいをプログラムのなかで作り込み過ぎると機械仕掛けのオモチャのようになって、すぐに飽きられてしまう。その動作は自己完結したものであり、子どもたちとのオリジナルな関係を生み出しにくいようなのだ。

（3）ロボットのデザインとヨタヨタ感

〈ゴミ箱ロボット〉をデザインする上で、ポイントの一つとなるのは、ロボットのヨタヨタ感である。「広場のなかを、ヨタヨタと歩いていたらどうか、群れをなしてトボトボと歩いているとか……」など、これは一種のバイオロジカルモーション（＝生物的運動）であり（Johansson, 1973）、〈ゴミ箱ロボット〉の生き物らしさを生み出すためには必須となる動きなのだ。〈お掃除ロボット〉では、まわりのモノたちにぶつかり、ぶつかりするときに、その身体が左右に小刻みに揺れていた。それが生き物のように感じられたのと同じである。

ロボットの動きをしっかりと制御しようとすると、アクチュエータなどの特性もあって、直線的な動きや回転運動など、どうしても硬い動きになりやすい。せっかくのヒューマノイドロボットにもかかわらず、ちょっとした腕の機械的な動きが「設計的な構え」を引き出してしまうことも多い。

このヨタヨタ感というのは、わずかに運動自由度を残したまま、それをまわりに委ねることで生まれるようだ。〈ゴミ箱ロボット〉では、上体部分を支えるスプリングの柔らかさを利用して、少し脱力したまま、ロボットの移動する際の動きに身体を委ねている感じだろうか。この機構がなければ、ただの「ゴミ箱」になってしまうから不思議なものである。

〈ゴミ箱ロボット〉の「生き物らしさ」とか「ひとらしさ」を追求する上では、そのデザインも大切な要素だろう。「生き物らしさ」を求めるなら、「もっと生態系に生息する生き物やヒトの容姿をヒントにしたらどうか」という考えもある。けれどもそれでは「生き物らしさ」とか「ひとらしさ」を一方的に押しつけているようで具合がよくない。それを避けるには、アンドロイドやジェミノイドのようなものではなく、ヒトの容姿からはむしろ遠い方がいいとの考え方もある。

この後の章でもいくつかを紹介するように、わたしたちのロボットの多くは、「モノ（object）」と「ロボット（robot）」との間にあるという意味で、「ロブジェクト（robject）」と呼ばれることがある（Bartneck et al., 2020）。〈ゴミ箱ロボット〉の場合は、「デザインしないデザイン！」を徹底させており、その姿は「ゴミ箱」そのものである。「生き物らしさ」についての手掛かりは、そのデザインには残っていないけれど、「ゴミ箱の姿をしているのだから、これはゴミを集めるものかな……」という役割に関するわずかな手掛かりを残したものといえるだろう。

いずれにせよ、「機能や作り込みを最小限に抑えつつ、その解釈の多くを相手に委ねる」ことが、まわりからのオリジナルな解釈やかかわりを引き出す上で、大切なポイントとなるようだ。

（４）まわりの子どもたちを味方につけて

〈ゴミ箱ロボット〉のもう一つのポイントは、「なんとか今日中にゴミを拾い集めなければ……」という焦りがないことだろう。とくに当てもなく、風のふくまま、気の向くまま……という感じで、ただ飄々と歩く。そこに必死な感じとか、まわりになにかを押しつける感じはない。まっすぐに歩いていたかと思えば、なにか考え直したように、その進行方向を変える。まわりの子どもたちは、「もしかしたら、ゴミでも探しているのかな……」と、その姿に思わず寄り添ってしまう。

広場にロボットを置いてからしばらく経った頃である。その気持ちを察してのことなのか、ひとりの子どもが手に持っていたアイスクリームの袋を〈ゴミ箱ロボット〉に投げ入れてくれた。それに合わせたように、ロボットはペコリとお辞儀のような仕草を返す。ゴミを投げ入れてくれたのをセンサが感知し、それに合わせてロボットの上体を軽く屈めたのだ。「へぇ、おもしろい！」と、その収納バスケットからゴミを取り出し、もう一度、投げ入れてみる。そんなロボットからのお礼に気をよくしてか、他の子どもたちもめいめいにゴミを探してきてくれた。あれよ、あれよと、収納バスケットはゴミでいっぱいになってしまったのである（三宅ほか、二〇一三）。

あらためて考えるまでもなく、ロボットは広場のなかを歩いていただけだ。「子どもたちに手伝ってもらい、一緒にゴミを拾い集める」ことは、プログラムのなかに書き込まれていたものではない。ロボットの様子を見ていても、ヨタヨタと歩きまわるだけで、とても役に立つようなものには思えない。

しかし「案ずるより産むが易し」だろう。自らではゴミを拾い集めることのできない、ちょっと頼りないロボットは、まわりの子どもたちを味方につけることで、「ゴミを拾い集める」という当初の目的をちゃっかり果たしてしまったのである。

〈ゴミ箱ロボット〉が不思議に思えるのは、「そのゴミを拾って！」と、まわりに強いる感じがないことだ。〈お掃除ロボット〉も同様だろう。「だれか手伝ってくれ！」「うー、段差に落ちてしまった、たっ、助けて！」というわずらわしさはない。ときおりストップすることはあっても、黙々と自分のやれることに専念している。それがまわりから好感をもって受け入れられている理由の一つなのだろうと思う。

一方で、ゴミを拾ってあげている子どもたちの方はどうだろう。とくに「ゴミを拾わされる」（受動態）のでも、「しょうがないなぁ、ゴミを拾ってあげるか」（能動態）という感じでもない。この状況を目にして、思わずゴミを拾ってあげてしまったということだろう。その場のなかにあって、子どもたちの手助け行動を自然に促してしまうというのは、能動でも受動でもない「中動態」に関する議

図2　子どもたちと〈ゴミ箱ロボット〉との出会い
公共の施設の広場で，複数の〈ゴミ箱ロボット〉がヨタヨタと歩きまわる．それに気づいた子どもたちがめいめいに集まってきた（2009年頃）．

論（國分、二〇一七）や、リバタリアン・パターナリズムに基づく「ナッジ理論（nudge theory）」の概念（Thaler & Sunstein, 2009）とも重なるものだろう。

子どもたちの表情も「手助けするのも、まんざら悪い気はしない」と、ちょっとだけ晴々としている。「自分にも〈ゴミ箱ロボット〉の助けになれることがあった！」と、ロボットを相手に喜んでいるのも妙な話だけれど、ゴミを拾ってあげることのできる者として、ちょっとした有能感を覚えるとともに、そのかかわりのなかで自らも役割を果たせた達成感もあるのだろう。

相手の〈拙さ〉や〈不完全なところ〉を補ってあげるなかで、思いがけずに自らの〈強み〉ややさしさに気づくことがある。ロボットのためにと、ちょっとした工夫が生まれることもあるだろう。子どもたちにとっても、このロボットの手を借りながら、自分らしさを見つけたということなのだ。ロボットに寄り添いながら、その面倒を見ている子どもたちの姿は、なんだか生き生きとしており、いつもより大人びて見えるのである。

立場を変えるなら、ロボットにとっても同様だろう。〈お掃除ロボット〉が雑多なモノに囲まれたとき、どこか「生き物らしさ」があった。子どもたちに囲まれているときの〈ゴミ箱ロボット〉も、どこか生き生きとしているところがある。そこで活躍の場が与えられているからだろうか。キョロキョロと子どもたちの様子をうかがいながら、まわりとの関係を保とうとしているかのようなのだ。

もちろん、いつも子どもたちに囲まれているわけではない。時には子どもたちが他の遊びに夢中になって、ロボットがポツンと取り残されてしまうこともある。そんな状態にあっては、ヨタヨタとあたりを歩きまわるだけの「ゴミ箱」に戻ってしまう。ゴミを見つけても、そこでうろうろするだけ。このロボットの非力なところがあらわになってしまう。やはり、〈ゴミ箱ロボット〉は子どもたちに囲まれてこそのものなのだろう。

（5）どこまで人の手を借りることができるのか

ロボット研究の多くは、自らの判断で動く自律したロボットを目指してきたこともあり、「人の手を借りることなど考えてはいけない」と思い込んできた。子どもたちにゴミを拾うのを手伝ってもらうのは、ちょっとズルいことであって、禁じ手だったはずだ。

しかし、ここでは高度に自律した〈機械〉ではなく、〈ソーシャルなロボット〉を目指しているのだから、「すべてを自分の力だけで！」に拘る必要もない。むしろ他者との関係性や協働を志向したロボットの研究があってもいい。子どもたちの手助けが得られるのなら、それに越したことはない。「あっ、そうか。まわりの手を借りちゃってもいいのか」ということなのだ（岡田、二〇一二）。

ひとたび固定観念を崩してみると、〈ソーシャルなロボット〉に向けたコンセプトや設計思想、デザインなども、「自らのなかですべて完結しなければ」との制約から解放される。「まわりとの関係性に目を向けよう！」ということにシフトしてくるのだ。「まわりの手を借りることはズルいことではなく、スマートなことなのだ」と、その認識も一変する。その能力や機能について議論する際の分析単位を、ロボットという個体から、まわりの子どもたちを含んだシステム全体に広げよう、そこで〈ひとつのシステム〉を作ろうというわけである。

こうして〈ゴミ箱ロボット〉の「ゴミを摘み上げるロボットハンドはどうするのか」という懸案はひとまずクリアできた。後は、「どこまで子どもたちの手を借りることができるのか」、「どこまでロボットの機能をそぎ落とせるのか」だろう。

深層学習などの進展に伴い、この頃のロボットや人工知能はなんでもできてしまうような印象があって、「わざわざ人の手を借りなくても」と思われるかもしれない。ただ「こんなこともできる、あんなこともできる」とアピールしようとするけれど、よくよく考えるなら、ロボットや人工知能にも不得手とすることはたくさんあるはずなのだ。

肝心の「ゴミを見つける」ことはどうだろう。カメラによる画像認識を利用すれば、ゴミのようなものを探し出すことはできそうだ。それでも「それは捨てていいゴミなのか、まだ価値のあるものなのか」の価値判断は難しい。「ならば、これも子どもたちに手伝ってもらおう！」というわけだ。技術を追究する立場からは後ろ向きだけれど、〈ゴミ箱ロボット〉には、とてもスマートな方略に思えるのである。

床に落ちている名刺やチラシを摘み上げるのも、キカイキカイしたロボットの指使いでは難儀してしまう。こうしたことは、子どもたちの柔らかな指にはかなわない。それに、フィールドでデモンストレーションしようにも、「公共の場はお掃除が行き届いており、ゴミそのものが落ちていない！」などの〈ゴミ箱ロボット〉にとっての隠れた悩みもある。それでも、子どもたちはロボットに喜んでもらおうと、あちこちを駆けずりまわり、ゴミを見つけてきてくれる。こうした機転や軽快さは〈ゴミ箱ロボット〉にはないものなのだ。

子どもたちの行動は予想がつきにくく、フィールドでの研究をまとめるのは苦労も多いけれど、一方で思いがけないことに出会うこともあっておもしろい。

あるとき、赤と青、そしてグレーの三つの〈ゴミ箱ロボット〉を一緒に動かしていたら、ひとりの女の子が「この赤い子（＝ロボット）は、ペットボトル専用だよ」「この青い子は燃えるゴミだからね」と他の子どもたちを仕切りながら、ゴミの分別を指示しはじめたのだ。「ゴミの分別が難しいなら、子どもたちに手伝ってもらえばいい」と机上では考えていたけれど、目の前でそうした場面に出会えるとは思っていなかった。これも「そこに置いてみなければ見いだせなかったこと」の一つなのである。

子どもたちにぶつからずに歩きまわる機能はどうか。子どもたちの遊びの場にロボットを持ち込む際には、本来なら緊急停止ボタンとか、衝突検出センサを備えるなど、ケガを避けるために細心の注意を払う。子どもが接近してくるのを見つけ、その進路を予測しとっさの事態に備えようとする。それでも、子どもたちの動きは、殊の外俊敏であり、その挙動を予測するのもままならない。子どもたちとの衝突を避けながら動く機能を考えてみると、とても気ぜわしいものになってしまう。

しかし、そんな心配も杞憂であった。〈ゴミ箱ロボット〉がヨタヨタと歩いていると、子どもたちが幼い子を相手にするように気づかって、道をあけてくれた。子どもたちとロボットとの間で、「ぶつからないで歩く」ことを相互行為的に組織していたのである。こうした相互行為を引き出すコツは、「ぶつからないように避ける」ことにくわえ、「いま自分はどんな状態にあって、なにをしようとしているのかを隠さずにさらけ出しておくこと」も大切なポイントとなる。「全部、自分で判断し、衝突を避けなければ」ということに拘らず、いまの状態を隠さずにさらけ出してみたら、そこで子どもたちの意外なやさしさや思いやりを引き出せたのだ。

もう少し丁寧に見ると、「ぶつからないで歩く」という相互行為を組織する場面では、子どもたちとロボットとは対称的な関係にある。つまり、お互いに自らのいまの状態を相手からも参照可能なように表示し合う。ロボットは子どもの表示行為を手掛かりに、リソースの一部として参照しながら、自らの行為を調整しようとする。同様に、子どもはロボットからの表示行為を手掛かりに、自分たちの行為を調整しようとする。

さらに、ここで「ぶつからないで歩く」というゴールをお互いに共有しながら、それを相互の調整によって達成している。相手に支えてもらいつつ、同時に相手を支えている。そうした相補的な関係にも、人とロボットとのプリミティブな共生の姿を見る思いがするのである。

このように〈ゴミ箱ロボット〉と子どもたちの様子を見ていくと、「ゴミを拾い上げるためのロボットアームはいらないのではないか」、「ゴミを探したり、分別するのも、子どもたちに手伝ってもらおう!」、「緊急の停止ボタンをつけることもないか」と、ロボットからはさまざまな構成要素をそぎ落とすことができる。こうしたデザイン・プロセスを、わたしたちは「引き算のデザイン」と呼んできた(岡田ほか、二〇〇五)。「もっと、もっと」と必要に応じて新たな機能を追加しようとする、これまでのモノ作りにあった「足し算のデザイン」とは対極をなすものだろう。

3 わたしたちとロボットとの相補的な関係

本章では、わたしたちの身のまわりで活躍をはじめた〈お掃除ロボット〉、そして、筆者らのラボで構築を進めてきた〈ゴミ箱ロボット〉について紹介してきた。

二つのロボットに共通するのは、「自らのなかに閉じた能力や機能に拘ることなく、多くをまわりに委ねてしまう」、あるいは「その機能の作り込みを最小にして、多くをまわりに委ねよう」という姿勢だろう。すべての機能を事前にプログラムに書き込んでおくのは現実的ではない、あるいは技術的な制約もあって実現困難なものだったという事情もある。結果として、ロボットをデザインする立場からは、ロボットを取り囲んでいる環境の働きを最大限に生かすように設計したと捉えることも可能だろう。

「どうなってしまうかわからないけれど……」との思いで突き進んでみたら、そこには部屋の壁があって、次の行動を上手にナビゲートしてくれた。〈ゴミ箱ロボット〉にもかかわらず、ゴミを拾い集めるためのロボットアームがない。「さてどうしたものか。まぁ、どうなってしまうかわからないけれど……」というオープンな姿勢に対して、まわりの子どもたちが思わず応えてしまう。そこで生まれた関係性のなかで「ゴミを拾い集める」というゴールを共有し達成していたのである。

〈お掃除ロボット〉や〈ゴミ箱ロボット〉は、まわりからの一方的な手助けを引き出すだけではなく、わたしたちに潜在していたやさしさや心づかい、そして〈強み〉をも引き出してくれた。こうしたロボットを手助けし、支えることができるものとして、わたしたちもそのかかわりのなかで新たに価値づけられていた。ロボットとのかかわりを通して、自らの立ち位置を見いだしていたのである。

このことはデザイン面についても当てはまる。〈ゴミ箱ロボット〉の特徴は、「機能や意味を押しつけることなく、その解釈の多くをまわりに委ねてしまう」ことだ。ミニマルな手掛かりとともに、その解釈に参加するための余地を残しておく。こうした配慮がまわりからのさまざまな解釈を引き出し、それを生かしながら一緒にオリジナルな意味を作り上げるのである。

本来は、日々の研究活動もそうありたいと思う。「ゴミ箱のような姿をしたロボットが公共の広場

図 3　デザインがすっきりした〈ゴミ箱ロボット〉
オリジナルな〈ゴミ箱ロボット〉が生まれてから 10 年以上になる．レーザー加工機，3D プリンタなどの登場によって，次第に洗練されたロボットが作られるようになった（2020 年頃）．

をヨタヨタしながら歩いていたらどうか」と述べたように、あまり先入観を持たずに、ただそこに置いてみる。まわりに委ねてみると、そこから想定していなかったかかわりを引き出せることも多い。そこにも多様な自由度というか、新たな出会いを引き出す「スペース」のようなものが残されていたからだろう。

子どもたちの遊んでいるところに〈ゴミ箱ロボット〉を置いて、動かしてみたらどうか。これには二つの意味がある。一つは、新たな生態環境をこのロボットに提供すること。もう一つは、子どもたちに新たな生態環境としての〈ゴミ箱ロボット〉を提供することである。そこにはロボットの移動を可能とする床があって、その行動の一部を制約してくれる部屋の壁に取り囲まれている。その進行の妨げとなるモノなども置かれている。くわえて、ロボットにとって社会的な環境を構成する子どもたちがそこで遊んでいる。この場所に〈ゴミ箱ロボット〉を運んで動かすことは、このような認知的・社会的な資源を新たに提供することでもある。

これらの資源（リソース）をどのように利用するかは、ロボットに委ねられている。子どもたちの手助けを借りながら、ゴミを拾い集める。子どもたちにぶつからないように動きまわる。利用可能なものがあれば、それらのリソースを上手に利用して行為を組織すればいい。そのことを仕向けたり、強いるものでもない。

しばらくして、そんな生態環境に慣れ親しんだ状況にあってはどうか。子どもたちの近くで動いてみると、いつの間にか収納バスケットはゴミでいっぱいになる。どうも、〈ゴミ箱ロボット〉としての役割を果たせそうだ。それはだれかに用意してもらった環境なのだけれど、子どもたちに囲まれてこその〈ゴミ箱ロボット〉であり、そこで生かされるための一種のニッチとなることだろう。それなくしては、ゴミを拾い集める行為を組織することもままならない。

立場を変えるなら、子どもたちにとっても同様だろう。広場で遊んでいた子どもたちにとって、その目の前に登場した〈ゴミ箱ロボット〉は、彼らにとっても新たな認知的・社会的な資源の一つとなる。それを無視するのか、上手に利用するかは、子どもたちに委ねられている。それは、だれもが利用できる可能性として、そこに潜在している。上手に利用したいときだけ利用するものであって、それを強いるものでもない。その役割や機能も、子どもたちとのかかわりのなかでオリジナルに生まれるものだ。

例えば、子どもたちは自らの行為を調整するためのリソースとして無意識にロボットを利用しているということもある。「このロボットのためになにができるのだろう……」と、このロボットとのかかわりを手掛かりに、自らの行為の可能性や自分の強みを探っているのだ。

ある子どもたちにとっては、一緒にゴミ拾いをするための道具、あるいは相棒のような存在となる。「ゴミを拾ってあげることができた。〈ゴミ箱ロボット〉を手助けできた」と、そんな些細なことであっても小さな喜びにつながる。自分なりの役割が果たせて、ホッとすることもあるだろう。「ゴミを一緒に拾い集める」という目的や達成感を共有できる相手にもなりえるのだ。

このロボットとのかかわりは、自分らしさや自分の強みを引き出してくれる場として機能するなど、子どもたちの生態学的なニッチの一部を構成するものといえるのである。

第2章 ひとりでできるってホントなの？

1 「ひとりでできるもん！」

「靴下くらい、ひとりではけるようになるんだよ」、子どもの世話に手を焼きながら、ふとそんなことを思う。子どももそうした期待を感じてのことなのか、ひとりでなんとか靴下をはこうと試みる。でも、どうだろう。なんどか繰り返すも、なかなかうまくいかない。靴下を持った手をつま先まで伸ばそうと、背中をかがめる。すると身体のバランスがわずかに崩れて、手元も狂ってしまうようなのだ。

しばらくは、「よし、がんばれ。もう少し！」と応援するも、そのマゴマゴしている姿を見ていると、つい手を差し伸べたくなる。それでも、子どもなりの意地があるのだろう。「じーぶんで、じーぶんで！」といいながら、わたしたちの手を振り払うようにして、なんとかひとりでがんばろうとするのだ。

ただ、そうした時期もすぐに過ぎ去ってしまう。「もうね、ひとりではけるんだよ、靴下。すごいでしょ！」と得意げな顔をして、わたしたちの前で靴下をはいてみせようとする。身体もだいぶしっかりしてきたのか、なかなか手際もいい。「へー、じょうずなもんだね。すごい、すごい！」とほめつつ、その様子をあらためて眺めてみると、とてもおもしろい。

いつものように、小さな身体をかがめながら、つま先へと手を伸ばす。でも、もう身体のバランスを崩すようなことはない。よく見れば、その背中をしっかりと部屋の壁に押し当てているのだ。いつの間に、こんなワザを覚えたのだろう。この間までは、お母さんに抱き抱えられるようにして、靴下をはくのを手伝ってもらっていた。それがいまでは、部屋の壁を味方にするようにして、その身体をちゃっかり支えてもらっている。あるときは、ソファーや座面の広い椅子に腰かけ、その背もたれに身体を押しつけながら、とても器用に靴下をはく。

「ひとりでできるもん！」というけれど、決してひとりで靴下をはいていたのではない。必ずしも子どもの身体能力やそのバランス感覚が向上していただけでもない。体幹そのものがしっかりしてきたというより、あたりを無意識に探るなかで、さまざまなところからの支えを見いだしていた。まわりの助けを上手に引き出すようにして、それらと一緒になって靴下を上手にはくことを実現していたのである。

「へー、すごいもんだね！」と、子どもなりの工夫に感心しながら、これをどう考えたらいいものかと思う。わたしたちの手からは離れつつあるけれど、子どもなりにまわりとの新たなかかわりを手に入れようとしている。これは自立なのか、それとも新たな依存の姿なのか。

〈お掃除ロボット〉のところで述べたように、「その場に置かれたとき、はじめて機能や能力が立ち現れる」ことがある。部屋の壁に囲まれることで、ロボットは部屋のなかを縦横に動きまわることができた。同様に、子どもが靴下をはくのでも、その背後で椅子の背もたれや部屋の壁などが活躍している。こうしたモノを取り去るならば、なかなか靴下を上手にはけずに、子どもの弱さばかりが露呈してしまうことだろう。

その意味では、子どもの弱さをまわりのモノたちが補っていた。くわえて、子どもの不完全さがまわりの強みを引き出し、それを顕在化させたとの見方もできる。ただ、これではその場に備わる力ばかりにフォーカスしているようで居心地が悪い。「支えるモノと支えてもらう子ども」となり、どこか一方的で非対称に思えるのだ。

では、子どもの側から見たらどうだろう。自分の身体を支えてもらおうと、部屋のなかの壁を探す。適当なものがなければ、座面の広い椅子やソファーに移動する、あるときはお母さんの背中を借りる。子どもの成長に合わせ「まわりのモノを道具として使いこなす能力」が備わったとの解釈も可能だろう。「じーぶんで、じーぶんで」といいながら、「すべてを自分の力だけで!」と拘っていたときよりも、どこか賢くも思える。

と、こうして二つの見方を並べてみたけれど、どうだろう。子どもの身体は未発達で、まだか弱いもの、不完全なものと決めつけるのは簡単なこと。しかし、まわりから一方的に支えられるだけの受動的な存在ではないはずだ。一方で、まわりのモノを〈道具〉として使いこなし、なにか目的に向かって、ひとりでグイグイと行動していくような個のなかに閉じた存在として捉えてしまっていいものなのか。

〈お掃除ロボット〉がそうであったように、子どもが靴下をはくときに、それほど部屋の壁の存在を気にしているふうではない。それを〈道具〉として利用しているような意識はなさそうだ。子どもは身体をこわばらせることなく、とてもリラックスしている。部屋の壁という資源は、たまたま使えたら使う。それが使えなかったら、他のものに当たってみる。ときにはゴロンと体勢を崩すことになってもいい。もっと行き当たりばったりで、柔軟なものに思える。豊かな資源のなかにとけ込んで一体化し、そこで〈ひとつのシステム〉を形作っている。そんなふうに捉えてみたらどうだろう。

2　冗長な自由度をどう克服するのか

（1）ベルンシュタイン問題

自らの身体のバランスを維持しながら、手際よく靴下をはく。この例でみられるような巧みな動作はどのようにして生まれるのか。そもそも「巧みさ（dexterity）」とは、どのように説明できるものなのか。一九四〇年代に書かれたという、ニコライ・ベルンシュタインの『デクステリティ 巧みさとその発達』（日本語訳版、二〇〇三）は、スポーツや運動障害分野における身体運動の研究のみならず、ロボットの行動生成や〈生き物らしさ〉を議論する上でも、とても示唆的なものに思われる（Bernstein, 1996）。

生き物の進化の過程で、ヒトは脊椎動物としてのしなやかな体幹と多様な動作を生み出す体肢とを手に入れた。先の〈ゴミ箱ロボット〉と対比するまでもなく、ヒトは地面の上を歩いて自由に移動し、そこで見つけたゴミに向かって手を伸ばし、上手に摘み上げることができる。子どもが身体をかがめながら、つま先まで手を伸ばし、靴下をはけてしまうのも、この体幹と体肢との協働によるものだろう。

このような柔軟性を備えた身体は、俊敏で多様なふるまいを生み出すことができ、生態系のなかで高度に適応しながら生き延びることを可能とした。一方で、筋骨格系に存在する自由度（独立に動作可能な要素数）は、関節だけで数百のオーダー、筋肉を含めると数千のオーダーになるという。「それら一つひとつの要素に注意を向け、個別に制御するとしたら、膨大な注意を配分しなければならなくなる」（ベルンシュタイン、二〇〇三、三二頁）との指摘にあるように、冗長な自由度を備えた身体を制御するのは容易なことではない。

つまり身体動作の柔軟性や多様性と引き換えに、「これらの冗長な自由度をどのように克服するのか」という課題をあわせ持つことになった。いわゆる「ベルンシュタイン問題」と呼ばれるものである。

冗長な自由度をどのように減じながら、柔軟な身体を制御可能なシステムとするのか。ベルンシュタインの提示したアイディアによれば、中枢神経系からの指令に基づき各要素を個々に制御するのではなく、それぞれの運動課題に合わせ、身体の各要素が柔軟に協調し、組織化することで、冗長な自由度を縮減し合うのではないかという。「シナジー（synergy）」、あるいは後に「協調構造（coordinative structure）」と呼ばれる機能的な単位や構造については、自己組織化理論に基づく力学系モデルとして詳細な議論が続けられている（Kugler & Turvey, 1987; Smith & Thelen, 1996）。

ベルンシュタインなどの議論に沿って、子どもが靴下をはく様子をもう少し丁寧に見ておこう。彼（彼女）なりに、さまざまな手段や資源を駆使しながら、冗長な自由度をなんとか減じようとしている姿はとても興味深い。これは「巧みさ」の本質的な特徴でもあるようだ。

例えば、「少し身体をかがめるようにして」とは、手をつま先まで伸ばすために必要な動作なのだろう。と同時に、少し身を固くするようにして、「体幹の柔らかさに制約を与えている」と解釈するなら、自由度の一部を減じているようなふるまいでもある。でも、あまり身体をこわばらせていては、本来のしなやかさも失われ、身体全体の協調を妨げてしまう。その加減はなかなか難しそうだ。

つま先まで手を伸ばし、靴下をはこうとするとき、それを片手で行うのではない。靴下を両手でつかみ、双方の手をひっぱり合うように左右の動きを制約し合う。つまり、多様な動作を生み出すために内包していた腕の自由度を減じ合うことで、なんとかブレを抑えようとする。同時に、ヒジを両脇にピタッとくっつけ、脇を少し締めることも忘れてはいない。

冗長な自由度を克服するための要素間の協調関係は、物理的な制約に留まらない。例えば目を閉じていては、手を伸ばす先が適切かどうかも確認できない。「視覚的な情報に基づいて行為が向かう先を調整する」とは、視覚情報が手の向かう先を制約しているとも解釈できる。知覚に基づく行為の調整プロセスも、一種の「協調構造」の単位として、身体の自由度を減じるために機能しているようだ。くわえて、視覚を確かなものとするには、体幹の柔軟さを駆使して、頭部の揺れを抑えることも大切だろう。平衡を維持する上では、身体の揺れや傾きを知覚する自己受容器からの情報に基づく調整プロセスも入れ子になって活躍する。ベルンシュタインが「巧みさ」の本質的な特徴の一つとして指摘したのは、つま先まで手を伸ばすような「先導レベル」での動作とそれを下位で支えている体幹による「背景レベル」での動作との協働した姿であった。

（2） 身体と環境との協働

身体運動の巧みさやどのように冗長な自由度を克服するのかを考える上で、もう一つのポイントは、身体を取り囲んでいる「環境」とのかかわりやそこでの資源の利用だろう。

子どもは「じーぶんで、じーぶんで」といいながら、ちゃっかり部屋の壁に背中を押し当て、その支えを上手に利用していた。見方を変えれば、「自分のなかで抱えきれない冗長な自由度を部屋の壁を利用して減じてもらっていた」のだ。「自分の身体なのに、自らのなかだけで完結できない。それで制御の一部を壁にも手伝ってもらう」という構図である。

ただ「自らの身体の冗長な自由度を減じるために、身のまわりにある資源を利用している」、あるいは「自分だけでは、持て余し気味の冗長な自由度を環境側の手を借りながら制約してもらう」との解釈だけでは、どうも消極的過ぎるようだ。本来は多様な環境の変化に柔軟に適応するために、進化の過程で「冗長な自由度を備えた身体」をあえて選び取ってきたはずなのだ。

先に触れたように、実環境で生じるすべての事態に対して、あらかじめ備えておくことは現実的ではない。「さまざまな状況に適応したければ、作り込みを最小にせよ。多くは環境に委ねよ！」、「冗長な自由度を残したままで、その身体をまわりに委ねてみた」あるいは「自らのなかに閉じることなく、一部を外に開いてみた」ということだ。このとき環境側の変化を外乱として嫌うのではなく、上手に吸収しながら、ある運動課題に向けて協調構造をリアルタイムに再組織化する。この際、環境の状態や変化は拘束条件の一つとして機能し、身体との間で〈ひとつのシステム〉を作りながら、一緒になって適応的な行為を生み出すのである。

ここでもう一つ、環境からの制約を上手に利用しながら、協調構造を組織化する事例を挙げるなら、それは二足歩行ロボットなどの「動歩行モード」だろう。ホンダの〈アシモ〉に代表されるように、二〇〇〇年を越えたあたりから、ロボットはとてもしなやかに歩けるようになった。最近では軽くステップを踏み、小走りする。段差などもなんなく越えてしまう。

不整地を歩くロボットの開発は、長い間の懸案であったようだ。倒れずに歩き続けるにはどうすればいいのか。片方の足にしっかり重心を置きつつ、もう一方の足を前に進めながら、慎重に身体の重心を移動させていく。かつてのロボットの歩行は、この〈静歩行〉と呼ばれる、とてもぎこちないものだった。重心移動の合間は、ほぼ片足の状態で身体そのものを揺らすことなく、バランスを取り続ける必要がある。それは地面の変化や自らの身体の揺れを恐れながらのビクビクした行動なのだ。不整地などにあっては、容易にバランスを崩して倒れてしまうことだろう。

試行錯誤を経て見いだされたのは、「自分の力だけでなんとか」との拘りを捨て、むしろ地面を味方にしてしまおうということ。なにげなく一歩を踏み出そうとするとき、わずかに勢い余ってか、重心は軸足となっている足底（＝支持基底面とも呼ばれる）から、わずかに外れてしまう。少し前のめりになって、倒れ込む感じだろう。あまり意識することはないものの、「どうなってしまうかわからないけれど……」という具合に、自らの制御を一瞬だけ放棄している。しかし幸いなことに、その踏み出した一歩はたまたま地面からの反力を借りて、どうにか動的なバランスを維持するわけだ。

協調構造の名づけ親であるマイケル・ターヴェイが『デクステリティ』の日本語版への序文に寄せた解説によれば、「動作は真空中に生じるのではなく、いつも文脈のなかで生じるのであり、いつも環境が用意した「問題」に対する「解決」として理解できる」、そして「動作は反応ではなく、創造なのだ」と指摘する（ベルンシュタイン、二〇〇三）。

あらためて考えるなら、歩行は地面なくしては生まれない。わたしたちの身体を外に開きながら、地面からの支えを拘束条件の一つとして受け入れ、そのたびに協調構造を再組織化（＝創造）する。地面に対する〈委ね〉とその地面からの〈支え〉との動的なカップリングによって、軽快な歩行を生み出している。その意味では、「わたしたちは地面の上を歩いている」のだけれども、同時に、「その地面がわたしたちを歩かせている」、さらには「その地面を友としながら歩いている」ともいえるだろう。

（3）ロボットの生き物らしさ

ちょうど一歳になる頃だろうか、子どもはソファーや椅子などを頼りにつかまり立ちをはじめる。ヨタヨタとした姿で、まわりの者をはらはらさせながら、いつの間にか歩くことを覚えていく。この過程でも、なんらかの拍子に「ひとりでなんとか……」との拘りを捨てる瞬間があるようだ。心もとない歩きのなかで、ときにはバランスを崩して倒れてしまいそうになる。そんなとき図らずも地面からの反力を得て、どうにかこうにかバランスを保つことができた。そんなことを繰り返すなかで、いつの間にか地面を味方につけつつ、スマートに歩くことを覚えてしまう。

パワーやスピード、持続力などの観点からは、高性能なアクチュエータを備える機械やロボットにはかなわない。それでも、子どもたちのモタモタした姿、ヨタヨタした動作に惹きつけられてしまう。その姿に思わず心を寄せてしまう。これはどういうことなのか。

ロボットをデザインし構築していく上では、「ロボットの生き物らしさとは、どのようにして生まれてくるのか」が気になる。それは、「生命とは?」という深淵な問いではなく、ここでは動作のリアリティ(=本物らしさ)のことである。先にも述べたように、生き物の姿やヒトの容姿を備えていても、必ずしも「生き物らしさ」「ひとらしさ」につながらない。腕の定速での回転動作を目にしただけで、いわゆる「生き物らしさ」から遠ざかってしまう。「生き物らしさ」は身体がただ柔らかいということでもないだろう。

ベルンシュタインの議論を参考にするなら、いわゆる機械と生き物の動作の違いを分けるのは、「冗長な自由度を抱え、それを上手に克服しながら、環境の変化に柔軟にふるまう」、そして「環境に対して自らの身体を開きながら、ある課題に向けて、まわりと〈ひとつのシステム〉を作り上げている」といった特徴だろうか。このように捉えてみると、これまでの機械やロボットの立ち位置も、もう少し明確なものになってくる。

子どもたちのふるまいと比較するまでもなく、一般的な機械の多くは、冗長な自由度を避けるように、一意に決められた動作をプログラムに従ってひらすら実行するものだ。その制御においても、自らのなかで完結しようとする。その動作が不安定になるため、不確定な環境に自らを委ねて、支えてもらうようなことはしない。多くのロボットがキカイキカイしていて、あまり「生き物らしさ」を感じないのは、この動作が過度に作り込まれており、自らのなかで完結しようとするからだろう。

そうしたなかにあって、例の「行き当たりばったりな行動様式」を持った〈お掃除ロボット〉のふるまいや、地面を友として動歩行する二足歩行ロボットは、特異な存在なのかもしれない。動作の作り込みを抑えているためか、その場その場の状況に素直に従う。「これより先に進めないのなら、他のところを探ってみよう」と、独りよがりなところがなく、身のこなしも軽快で柔軟に思われる。

行き当たりばったりとは、その表現を変えるなら、「わずかな自由度を残したまま環境に委ねている」ということだ。環境の変化を嫌うのではなく、むしろ拘束条件として自由度を上手に減じるために利用する。テーブルの脚などの障害物をも積極的に利用しながら部屋のなかをまんべんなく動きまわる。「行き当たりばったり」という言葉のニュアンス以上に、制御を身体の外に開くことで、柔軟性だけでなく、わずかな創造性のようなものを手に入れているのだ。

もう一つ興味深いのは、フットワークのいい動きよりも、むしろモタモタした姿やヨタヨタした、少し心もとない姿に「生き物らしさ」を感じることだ。これはどういうことなのだろう。

先に述べたように、子どもが靴下をはこうとして、マゴマゴする姿を見ていると、つい手を差し伸べたくなる。子どもがおぼつかなく歩きはじめた姿を思わず目で追ってしまうことも。〈お掃除ロボット〉も、狭いところからなかなか這い出せずにもがいている姿は、こうした子どもの姿とどこか重なる。

これも「冗長な自由度をなんとか克服しようとしている」という視点で捉えるなら、いずれのケースもその途上にあるといえる。靴下をはこうとするも、まだ上手に冗長な自由度をまとめきれずにいる。一歩を踏み出そうにも、その身体の協調構造の組織化がまだ危うい。マゴマゴした、どこかオタオタした様子は、もっとも「生き物らしい」ふるまいがあらわになったものだろう。その姿に、わたしたちは思わず自分の身体を重ねてしまう。そこにかかわる余地を感じ、思わず手を差し伸べようとしてしまうのだ。

3　機械と生き物との間にあるロボット

（1）トランスフォーマブルなロボット〈コラム〉

筆者らのラボには、高専時代にロボコンなどで活躍してきた学生も数多く集まっており、「どうして、こんなものが……」という風変わりなロボットを生み出していることも多い。ここでは、そんなロボットの一つを紹介してみよう。多くは後づけだけれど、ベルンシュタインなどの議論とも、少し接点を見いだせるように思う。

もう一〇年以上も前のこと、ひとりの学生が「床の上をジャンプしたり、バウンドするくらいの柔らかなロボットを作れないものか」といった。「瓦礫のなかにあっては、その身体を変形させながら軟体動物のように移動できたらおもしろい。もしや階段などもバウンドしながら登れるのではないか」と。

彼のなかでイメージしていたのは、ちょうどサッカーボールのような「C60フラーレン」という多面体構造（＝切頂二〇面体）を持つロボットだ。各エッジをアクチュエータで伸縮させたら、ロボットは自在に変形できるのではないか、その収縮を勢いよく戻したら、弾みでジャンプすることも可能なのではないか、と。

彼のアイディアにしばらく耳を傾けてみると、フラーレンの頂点数は六〇、各エッジに相当するアクチュエータ数は九〇になるという。予算を度外視すれば不可能ではないけれど、なんとも無謀な話なのだ。「もっとシンプルな構造を考えてみては？（Keep it simple, stupid!）」と、ようやく正六面体（＝立方体）に落ち着いた。

サッカーボールを八つに分割したような外殻で、一二のエッジからなる正六面体の骨格を覆う。各エッジは、サーボモータを利用して折り畳むようにし、正六面体の頂点部分にあるリンク機構を介してつながっている。

こうして鎧で身を固めたようなトランスフォーマブルなロボット〈コラム〉（COLUMN; Coreless Unformed Machine）が生まれた（Takeda, et al., 2010）。軟体動物というより甲殻類だろうか。動くには動くけれど、構成部品の重量もかさみ、もはやジャンプするようなものではない。ギシギシと音を立てながら身体を変形させ、床の上をのたうち回る感じなのだ。

図1　トランスフォーマブルなロボット〈コラム〉
サッカーボールを8つに分割した外殻で，12個のエッジからなる正六面体の骨格を覆っている．軟体動物というより甲殻類のようなロボットである．

〈コラム〉は、丈夫なケミカルウッドの殻をまとっており、瓦礫のなかにあっても、どうにか形状を保つことができる。後は前進、後退などの特定の課題に沿った動きをどう生み出すかだろう。床の上でゴロゴロと身体を転がすだけなら、キャタピラの要領で球体のボディの中心軸に一つのモータを組み込んでおけば事足りそうに思えるのだ。

ただ〈コラム〉が狙っているのは、機械的な回転移動ではなく、身体を巧みに変形させつつ軟体動物のように移動しようというもの。それぞれのサーボモータを操り、各エッジを畳んだり伸ばしたりすると、ロボットの一部が膨らんだり、凹んだりする。しかし、これらのサーボモータを勝手に動かしていたのでは、なかなか〈コラム〉の回転運動や移動運動につながりそうにない。その動きの柔軟性や多様性と引き換えに、「これらの冗長な自由度をどのように減じながら制御可能なシステムとするか」という課題が残された。これは「ベルンシュタイン問題」そのものである。

〈コラム〉の各エッジは、頂点部分にあるリンクで緩くつながれ、わずかに自由度を制約し合っている。それらをきつく制約し合えば、自由度を大幅に減じることができるけれども、それではせっかくの柔軟性までもが失われてしまう。

そこで期待の一つとしてあったのは、〈コラム〉の置かれた床の働きである。ロボットの動きを床が制約することで、反動から回転運動が生み出せるのではないか。あるいは瓦礫の一部を借りてもいいだろう。縁や壁に向かってロボットの一部を押し出せば、そこから押し返されて〈コラム〉を反対方向に回転させることができないものか。床や壁との間に生まれる制約を利用して自らの身体の自由度を減じようとするのだから、これはこれで理にかなっているはずだ。ただ〈コラム〉の軟体動物のような性質も手伝って、そう簡単に転がってくれない。その動きはなんとももどかしく、その姿を見ているだけでも、「よし、もう少し！」と思わず力んでしまうのである。

まだ研究の途上だけれど、深層学習などを利用することで、「転がりながら移動する」などの運動課題に合わせて、一二個のサーボモータの動きを操るための「協調構造」を生み出すことは可能なのだろう。ただ、いま〈コラム〉に欠けているのは、自己受容感覚に相当するセンサの類である。床の上で動くとき、自らの身体のどの部分が床に接しているかをまだ知ることができない。重力の助けを借りようにも、重力方向が見えていない。そのため、どのようなタイミングでサーボモータを動かせばいいのかを判断できずにいるのだ。

（2）〈コラム〉を外から操作してみる

そこで苦し紛れに生まれたのは、「〈コラム〉を複数の人で外から操作してはどうだろう」とのアイディアである。端的にいえば、「自律型のロボットとしては棚上げにして、しばらくは操作型の〈コラム〉を追求してみよう」ということ。ロボット自らが協調構造を学習する前段階として、人からそのコツを学べないかというわけである。

ターヴェイらの「協調構造」の議論では、「制御主体」と「制御対象」とが〈ひとつのシステム〉として自己組織するところにポイントがある。人が外から操作していたのでは、「制御主体（mover）」と「制御対象（moved）」とに分離してしまい、いわゆる心身二元論に後戻りしてしまう。ただ「ロボットを外から操作してみる」体験は捨てがたい。ロボットのなかに「小人」として入り込んだような気持ちで、内側から自らの身体（＝ロボット）を動かしてみる稀有な体験を味わえるのだ。

正六面体を構成する〈コラム〉の各エッジは、X‐Y‐Z方向に四本ずつ柱を立てたようなもので、各方向を担当する四個のサーボモータを束ねて一緒に操れば、一二あった自由度はX‐Y‐Z方向の三つの自由度まで減らせる。そこで操作型の〈コラム〉では、〈ギア〉というコントローラを利用して、三つに縮減した自由度を三人で独立に操作するようにした。人の手振りの強弱を〈ギア〉に内蔵された加速度センサで検出し、その操作情報を〈コラム〉側のサーボモータに無線で送り、X‐Y‐Z方向を独立に伸縮させるのである。また、人の手振りが止まると、〈コラム〉はデフォルトとなるもとの球体形状に勝手に戻ってくれる。

さて、操作型の〈コラム〉を操るときの感覚とは、どのようなものとなるのか。とりあえず一つの〈ギア〉を手にして、軽く振ってみた。でも、なんら変化がない。「あれっ、どうした?」と、もう少し強く振ってみると、ようやくゴソゴソと動き出した。三つの〈ギア〉を交互に振ってみると、それぞれがどの部位を担当しているものか、なんとなくわかってくる。ちょうど三本の糸で操るマリオネットのようなものだろう。

こうして自己受容感覚のなかった〈コラム〉は、ひとまず操作者の視覚を借りることで、「いまどのような形状をしていて、どこが床面と接しているのか、重力方向はどちらなのか」などを把握でき、それに合わせ〈コラム〉の一部に指示を与えることができる。間接的だけれど、これで知覚と行為との協調の準備が整ったのである。

それでも〈コラム〉全体の動きとなると、なかなか予測しにくいものだ。タイミングよく操作したつもりでも、ロボットと床面との関係、重力の方向、ロボットの状態などが複雑に絡んでおり、どんな動きになるのか、どこが動き出すのか、あらかじめイメージできない。これは自分の身体にもかかわらず、まだ自分のものになっていない感じだろうか。

こうしたもどかしさを感じつつも、「どうなってしまうかわからないけれど……」と行為をくり出すときの感覚はおもしろい。クルマのハンドルをはじめて操作するときのドキドキした感じとか、乳幼児がおぼつかない足取りで歩きはじめるような感じだろうか。エドワード・リードによれば、「ヒトはあることを〈できる前にする〉のだ」という(リード、二〇〇〇)。わたしたちが〈コラム〉に入り込んで動こうとするときも、まだ偶然に任せたような、行き当たりばったりなところも多い。〈できる前から〉とりあえず動いてみようとするのは、行為遂行的な側面にくわえ、いまだ〈充たされずにいる意味（unfilled meaning）〉を探ろうとしたり、行為と知覚との協調関係を見いだそうとする探索行為なのだろう。

本書の序で、「なにげなく」や「行き当たりばったりに」という言葉に言及したけれども、その正体はどうやら「人はあることを〈できる前から〉とりあえず動いてみようとする」、あるいは「いまだ〈充たされずにいる意味〉を探ろうとする」ための行為だったのだろう。

また、佐伯胖の指摘によれば、子どもがモノと専心没頭してかかわるときは、モノに対して「どうすれば、どうなるか」を聴いているのだという（佐伯、二〇一七）。佐伯の説明を借りて、〈コラム〉とのかかわりに当てはめて考えてみよう。

いろいろな操作を試みるなかで、「どうすれば、どうなるか」の予想もつくようになり、その通りになることを期待し確認してみる。ときには予想外の結果に驚くこともある。そうしたことを重ねていると、〈コラム〉は自らの身体の一部として動きはじめ、もどかしさを感じながらも、次第に自在に操れるようになる。操作主体と操作対象との間の距離が縮まり、一体化していく感じなのだ。いわゆる〈身体化する〉とは、こうしたことを指すのだろう。

しばらく〈コラム〉と格闘してみると、床面からの働きやその重心の偏りを利用し、わずかに回転しながら移動できることもわかってきた。自分の身体を直接に操っているのではなく、まわりの環境に半ば委ねながら、ときには重力の助けを借り、偶然に任せるようなところもある。ちょうど自らの身体を地面に預けながら、一緒に「歩く」行為を生み出すようなものだろう。ロボットを操作しているわたしと〈コラム〉、そして床面とが〈ひとつのシステム〉を作り上げているところまで、ようやく届きそうな具合なのである。

(3) 心を一つにして

ようやく「わずかに転がる」ところまできた。けれども、まだ「瓦礫のなかを軟体動物のように」とはいかない。そこで「あるゴール位置まで転がりながら移動する」という新たなタスクを設けることにした(香川・岡田、二〇二〇)。

操作型の〈コラム〉は人の操作により受動的に動くだけでなく、「外からの操作がないと勝手にもとの形状に戻ろうとする」など、わずかだけれど能動的な側面がある。この半自律的なロボットを操作してみると、背中をちょっと押してあげるような感じがしておもしろい。

コントローラの〈ギア〉を振りながら〈コラム〉の一部を膨らませ、そこで手の振りを止めてみる。すると重心の偏りも手伝って、自らで閉じようとする拍子にゴロンと転がってくれる。そこで生まれた動きを生かし、次の転がり動作につなげていく。人からの操作とロボットのわずかな能動的な動き、重力の働きが加わり、たまたまゴロンと転がる。これを繰り返すことで「あるゴール地点まで転がる」という課題に向けた行為が組織されるのだ。

このとき、これらの操作や動きはばらばらに機能しているわけではない。ロボットの形状や位置関係に留意して、手を振るタイミングを調整している。いったん膨らんだロボットの操作を停止する際にも、どんな形状のときに重力の働きを生かせるのかを判断している。〈コラム〉の自己受容感覚に相当する情報を手掛かりに、それを操作するためのタイミングを計る。つまり知覚と行為との間で一種の協調構造を作り、〈コラム〉の自由度の一部を制約しているというわけだ。

もちろん注意深く操作しても、意図した通りに〈コラム〉が転がってくれるわけではない。重力の働きに委ねているところもあり、うまく動いてくれない。あるいは思わぬ方向に転がり、ゴールから遠のいてしまうことも。このもどかしさは、ちょっとした遊びのおもしろさを生み、熟達化に向けた動因となるようだ。

〈コラム〉には、心などあろうはずもない。それでも懸命に転がろうとする姿を眺めていると、思わず手を貸してあげたくなる。少しでも貢献できることがうれしい。それと、〈コラム〉の半自律的な動きとわたしたち、そして重力の働きが「目標方向に転がる」というゴールを共有し、お互いに協力し合っている感じがして、とても楽しいのである。

さて、ここまでは説明の複雑さを避けるために、ひとりで〈コラム〉を操ろうとする様子を描いてきた。本来は、X－Y－Z方向の三つの自由度を三人で独立に操作するものなのだ。

ロボットの操作に馴染んでくると、ロボットとの距離が縮まり、わずかだけれど一種の身体の拡張感や所有感のようなものを持つことができる。ただ、自分の「身体」の一部としてあったものは、他の二人の「意思」によっても操られている。では、心身二元論ならぬ多頭竜のような〈コラム〉にあっては、どのような動きを生み出すのだろう。

とりあえず〈ギア〉を手にして振ってみる。「よし、そこで転ぶんだ！」と念じていたら、他の人の操作が入り込んで、いい感じの形状を崩してしまうことも。これではただの外乱だろうか。他者の思いや行動も絡んでくると、複雑さやもどかしさもそれだけ増してくるのだ。一方で、三人が歩調を合わせるように〈ギア〉を振りはじめたのならどうか。これでも、X‐Y‐Z方向のエッジがすべて開いた状態となって、回転に必要な重心の偏りは生まれない。自律分散制御とは聞こえはいいけれど、まだ冗長な自由度を持て余した格好なのである。

こうした状況をどのように乗り越えたらいいのか。一つには、他の人が操作している間は、外乱を与えないようにそっと見守るというものだ。先ほど述べたように、重力の働きと勝手にもとの形状に戻る動きで上手に転がってくれる。あるいは、思いとは逆に転がることも。そんな様子をみんなで眺めながら、「よし、もう少し！」「あーっ、残念！」と、うまくいかなかった経験を共有しながら、うまくいったときのコツを一緒に学んでいくのだ。

次第に様子がわかってくると、他の人の操作を補完する動きも出てくる。「もう少し！」と応援するなかで、自分の〈ギア〉を操作して担当部位を動かすことで、未完の回転動作を手伝おうとする。それが裏目に出てしまい、笑いが生まれたり、落胆することもあるだろう。しかし、みんなの気持ちが〈コラム〉の一つひとつの動作に引き寄せられるようにして、「わたしたち」として心が一つになれる瞬間でもあるのだ。

三人の熟練度が増していくとどうか。ばらばらだった動きは秩序だったものに変化していく。目の前の〈コラム〉の状態とお互いの顔を見合わせながら、それぞれのタイミングを計ろうとする。「よし、そこだ！」と相手の介入も期待するようになる。みんなの気持ちが一つになるだけでなく、目の前の〈コラム〉もみんなの共有物となり、一つの「身体」として動きはじめるのである。

この三人は、どのような状態になるのだろう。ある〈コラム〉の膨らんだ状態に対して、次に操作すべき部位とタイミングをみんなで共有し、お互いの操作を制約し合う。つまり「あるゴール位置まで転がりながら移動する」という課題に向けて、三人の間で一種の協調構造を作り上げ、〈コラム〉の冗長な自由度を減じ合う。このとき〈コラム〉は、三人の協調を引き出す媒介（social mediator）として機能し、同時に三人にとっての間身体的な様相を呈するのである。

生態学的な観点から見れば、「身体を動かして、欲しいものに近づいたり危険から逃れたりする」上では、まだまだ原始的なレベルにある。この段階では、「冗長な自由度を持った〈コラム〉が、（人の手助けを借りながらも）協調構造を組織し、ひとまず前方に転がることのできる身体を手に入れはじめた」ということなのだ。

4　おぼつかなく歩きはじめた幼児のように

（1）フラフラと立ち続けるだけのロボット〈ペラット〉

軟体動物のような、あるいは甲殻類のような〈コラム〉の話題から離れて、ここでもう一つのロボットを紹介してみたい。フラフラしながら、なんとかバランスを保ちながら立ち続ける〈ペラット〉というロボットである（佐々木ほか、二〇一八）。

なにを考えてのことか、ふら〜っと前方に進んだかと思えば、少しバランスを崩しかけて慌てて後戻りする感じだろうか。ふらつきながらも、どうにかこうにか、そのバランスを保とうとする。それだけにもかかわらず、その姿に生き物らしさとか、ちょっとした意思を感じるのである。

モチーフとしたのは、ようやく立ち上がり、おぼつかなく歩きはじめた頃の幼児の姿である。倒れそうで倒れない、そんなヨタヨタした姿に、まわりにいる大人たちは「あれっ、大丈夫だろうか……」と目が離せなくなる。少しでもバランスを崩そうものなら、思わず手を差し伸べてしまう。こういう緊迫感とか、ある種の「場」を生み出せるのは、あらためて考えると「すごいことだなぁ」と思う。

一方で、これまでいろいろなロボットを目にして感じてきたのは、それらの多くは比較的どっしりと安定していることだ。スイッチを入れると、おもむろに手足が動きはじめる。でも、それだけのことだ。もちろん安易に倒れてしまうのでは危ないということもある。しかし、その安定した姿勢や動きは、どこか「モノ」や「キカイ」を想起させ、あまりドキドキした感じはしない。例えば、スマートスピーカーはテーブルの上に置かれたモノであって、「生き物らしさ」を感じることはない。「もっとヨタヨタしていて、いつも不安定なロボットは作れないものか」というわけである。

そこで、「倒立振子型のロボットはどうだろう！」とのアイディアが学生たちの間から生まれてきた。「倒立振子（inverted pendulum）」とは、その名が示すように支点の上に重心があり、なんらかの方法でバランスを維持していないと転んでしまうものだ。手のひらに傘や棒を立てて、なんとか倒れないように手のひらを前後左右にと動かして遊んだ経験はだれしもあるだろう。「あっ、なるほど……」というわけで、〈ペラット〉は、制御工学の実習課題などに使われる素朴な「倒立振子」の原理を採用したものとなった。

わたしたちヒトも、重たい頭部や脊柱を二本の足で上手に支えながら姿勢を保ち続けるという意味では、一種の倒立振子といえそうだ。ベルンシュタインも、ヒトが直立姿勢を保つために、身体の筋肉を総動員してあらゆる方向から支えようとする様子を船にそびえたつマストを支える支持システムに例えている（ベルンシュタイン、二〇〇三、七一頁）。

一種の梃子の原理を利用して、マストの根元のところを支点に上体を持ち上げ、それを各方面からロープで引っ張り合うことで、まっすぐに立った状態を維持している。とても興味深いのは、マストを立たせておくための特別な動力を必要としないことだ。

図2　二輪倒立振子型のロボット〈ペラット〉のプロトタイプ
重力に逆らいながらも，バランスを崩さないように懸命に立ち続けようとする姿は，歩きはじめたばかりの幼児のようでもある．

ヒトの身体も、骨や脊椎のまわりの筋肉を総動員する形で、柔軟な動作や直立した姿勢を維持する。ある程度のバランスの取れた状態にあっては、少し脱力していても倒れることはない。

二輪倒立振子型ロボットの〈ペラット〉には、ボディにまとわりつく筋肉やロープはない。マストを各方面から引っ張るロープの代わりに、重心にかかる重力を上手に利用して、直立姿勢を保っているのである。これはどういうことだろう。

〈ペラット〉がわずかに前に傾くとき、重心は支点よりも前方にずれる。その状態では、〈ペラット〉の上体を前方の足元からロープで引っ張っている感じだろうか。ロープで引っ張る代わりに、重力の働きでこれを実現している。でも、このままでは前方に倒れてしまうだけだ。そこで身体の傾きをジャイロセンサが感知すると、ホイールの回転を前方に加速させて、上体の傾きを少し戻そうとする。支点を前方に動かすので、相対的に重心はやや後方に移動する。それが行き過ぎて重心が支点よりも後方にずれた場合はどうか。今度は、上体を後方の足元からロープで引っ張るような感じとなる。アナロジーとしては少し乱暴なのだけれど、〈ペラット〉の上体を前方と後方からロープで引っ張り合って、交互にバランスを取っている感じだろう。

後方にわずかに傾くとき、自己受容感覚器としてのジャイロセンサは身体の傾きを瞬時に感知し、その情報を後方に回転するホイールに伝える。前方に傾くなら、同様にジャイロセンサからの情報が前方に回転するホイールに指示を出す。こうした二つの反射弓の連携によってホイールを微妙に動かし続け、どうにかこうにか直立した姿勢を保つのである。これは〈ペラット〉が立ち続けるという課題に向けた、シンプルな協調構造そのものだろう。ジャイロセンサ（正確には、三軸のジャイロ（角速度）センサと三軸の加速度センサが一体となったモーションセンサを使用）による感覚、前方と後方に回転するホイールの動きなどを総動員させて、それらの協調によってバランスをなんとか維持しているのである。

どうして、このような不安定できわどい方法をあえて選んでいるのか。〈ペラット〉に台車を作り、そこに上体をしっかり固定すればいいのではないか。あるいは強力なアクチュエータによって、上体の傾きを制御すればいいとの考えもある。しかし、それではせっかくの柔軟性と俊敏さは損なわれてしまうことだろう。

〈ペラット〉は重力に抗いつつも、それを上手に利用しながら、どうにか直立姿勢を維持している。省力化という点でもパーフェクトなものだ。くわえて柔軟性を損なうことなく、協調構造によってバランスを維持する。ちょっとした外乱を受けても、ちょうど風になびくように、しなやかな動きを生み出すのである。

(2) バランスを保ちながら前に進む

〈ペラット〉はシンプルなロボットだけれど、なんどか作り直すのに合わせ、いくつかの工夫がくわえられてきた。なんとかバランスを保ちながら立ち続ける(=これではただの倒立振子である!)ことがクリアできると、次なる課題は「移動」である。

これもホイールのついた二輪倒立振子型ロボットなので、なんのことはなさそうに思える。ホイールを回転させるだけで、すぐにでも「移動」は実現できそうだ。ただ問題は、〈ペラット〉の姿勢のバランスを取るために、同じホイールの動きが用いられていることだ。

前方に移動しようとして、速度を増していく(=加速がある)と、その姿勢は少しのけぞった形となり、バランスを立て直すためには、ホイールを後退させる必要がある。ちょっと進んでは、また後退するという具合で、なかなか前に進めない。身体のバランスが取れているのを見計らって、そろりそろりと前進を試みるのか、それとも少し前かがみになった状態のときに、すかさず前方に進むべきなのか、そこはちょっとしたワザが必要となるのだ。

ちょうど手のひらに傘を立てたまま、バランスを取りながら歩こうとするようなものだろう。身体の平衡を保つような頭部と脊椎の働き、それに足などの肢体による移動運動という二つのレベルとが連携しているという意味で、これも「巧みさ」と呼べるようなものだ。普段は、身体全体の平衡を保つところは、自動化されて意識に上らない。それでも、乳児などがおぼつかなく歩くときなどは、まだ身体全体のバランスを取ることと、二足歩行による移動運動との間で意識しながらの調整が必要なのだろう。

〈ペラット〉は、技術的にも未熟なものであり、それほどスムーズに動きまわることはできない。ふらりふらりしながら、どうにかこうにか、少しずつ前に進める程度のものだ。きちんと制御できておらず、自らの自由度を持て余し気味になるのである。

それでも、「ロボットをまだ上手に制御できていないこと」も、捨てたものではない。そうしたヨタヨタとした、心もとない動きが〈ペラット〉の「生き物らしさ」を生み出している。そのふるまいに懸命に身体のバランスを保とうとする意思や、どこかに向かおうとする意思を感じるのである。

くわえて、わたしたちヒトと同じような方法で姿勢の制御を行っているためだろう、どうにかバランスを保とうとする〈ペラット〉の姿を見ていると、他人ごとには思えない。思わず、自分の身体をその対象に重ねてしまうことがある。ちょっとしたふらつきに対して、こちらの身体まで反応してしまう。このヨタヨタした姿は、結果として、わたしたちの共感やケアを引き出しているようなのである。

(3)「そこでじっとしている」ということ

〈ペラット〉が床の上を少しでも動きはじめると、次に課題となるのは「定位(positioning)」である。「どこでもいいから、じっとしていてね!」と思うけれども、「そこでじっとしている」ことと、「はじめから動かない」ことの間には大きな開きがある。

そこでじっとしている、定位しているというのは、ある自由度を残していたものがほどよく制御され、居場所がほぼ一意に定まった状態のことだ。スマートスピーカーなどは、テーブルの上で物理的に安定な状態にあり、身体的な姿勢や立ち位置を調整した結果として静止しているのではない。

そのようなわけで、床の上を動きまわるロボットでは、「どこに定位すればいいのか」について考える必要がある。自由度を与えられたら、それを制御しなければならない。「どこにいてもいいんだからね!」といわれても、どこが自分に適した場所なのか、自分のなかだけでは決められない。だれも面倒を見ていない状態にあっては、部屋のなかをふらり、ふらりと、所在なくさまようものとなってしまう。

そうしたときは、「部屋の壁からは、少し距離を置いてね」とのアドバイスはありがたい。「人に近寄り過ぎず、あまり離れないようにしていてね」でもいい。〈ペラット〉は、距離センサやカメラを備えており、その情報を利用すれば、部屋の壁や人との間の距離を調整するのは容易なことなのだ。

さっきまで部屋のなかで所在なくフラフラしていた〈ペラット〉だけれど、部屋の壁に近づくと、あたかも自分の居場所を見つけたように、そこでちょこんと立ち止まる。そこに身を委ねて、その壁に支えてもらっているのだ。

あらためて考えるなら、「いま自分はどこにいればいいのか」を問う前に、「いま自分はどこにいて、どんな状態にあるのか」を知る必要がある。「自己を特定する情報は、環境を特定する情報とともにある」といわれるように、この〈ペラット〉は前に迫る壁の存在を知覚すると同時に、「自分自身はその壁とどの程度離れた場所にいるのか」という自らの状態を特定できる。自分のことにもかかわらず、こうして「まわりの手を借りて認識しなければならない」、あるいは「自分のなかに閉じていては知りえない」というのは、とてもおもしろい感覚だと思う。

〈ペラット〉と人とのかかわりはどうだろう。ヨタヨタとしながら、わたしたちのところまで近づいてきて、あるところでユラユラとしながら立ち止まる。あまりに近づき過ぎると、後戻り。少し距離が空くと、またヨタヨタと近づいてくる。これも回避と接近に関する二つの反射弓の連携として説明できそうだ。ただ距離を調整しているだけなのに、「なんとか一定の距離を保たなくては……」との〈ペラット〉の意思が伝わってきて、こちらに対する配慮を感じる。その距離感によっては、どこか頼られているように、あるいはなつかれているようにも感じてしまう。

普段はフラフラ、ヨタヨタとしているだけで、なにも役に立ちそうもない。けれども、それがいなくなってしまうと妙に喪失感を覚えるのもおもしろい。そばに近づいてきて、そこでじっとしている。「頼られているのかな……」と思っていたけれど、むしろ頼っていたのは、わたしたちの方だったのかもしれない。そのかかわりのなかで自らの役割を自覚できる。〈ペラット〉にとっての壁になれたり、拠りどころにもなれる。〈ペラット〉を支えることのできる者として、そのかかわりのなかで新たに価値づけられていたのだ。

(4)〈ペラット〉に腕をつけたらどうか

〈ペラット〉は、ヨタヨタしながらバランスを保ちつつ立ち上がり、気の向くままホイールを回転させることで、移動や身体配置の調整も少しずつ可能となった。次なる課題はなんだろう。どこからともなく、「手をつけたらどうか」「折角だから、ゴミを拾わせてはどうか」との声も聞こえてきた。わたしたちヒトも、二足歩行が可能となって、ようやく手が自由に使えるようになった。体幹の次は、やはり体肢の出番なのではないか。順序としては、間違ってはいない。しかし、ゴミを拾おうとして手を伸ばすなら、靴下をはこうとしていた子どものように、すぐに身体全体のバランスを崩してしまうことだろう。

ヨタヨタと立ち上がったばかりの子どもの様子を眺めてみると、バランスを失いかけたときなど、「おっとっと……」と手や腕を巧妙に動かしている。それにならって、〈ペラット〉でも、バランスが崩れかけたのを腕の動きで補正できるのならおもしろい。例えば、前方に身体の重心が偏ったとき、腕を後方に移したら、少しは重心の偏りを補正できるのではないだろうか……。しかし、これはまったくの素人発想であって、実際に着手してみると、なかなか手ごわい領域に迷い込んでしまうのだ。

身体のバランスを保ったまま立ち上がり、そろりそろりと移動する。そこに腕の動きをくわえてみ

図3　両腕のついた二輪倒立振子型の〈ペラット〉
バランスを失いかけると，すこし慌てたようにして腕を動かす．それは重心のずれを補正するというより，まわりの人からの助けを求めるようなソーシャルな表示としても機能する．

ようというのだ。〈ペラット〉にとっては、綱渡りのような曲芸に近いものだろうか。やみくもに腕を動かしていては、ただの外乱要因にしかならない。腕を動かすタイミングの遅れやそこで生じる反力なども無視できない。フラフラとした揺れが膨らんで、遂にはバタンと倒れてしまうこともある。多自由度の倒立振子の制御問題は、その分野の知識に疎いと、ほとんど手を出してはいけないものだったのだ。

その後、なんとか腕つき〈ペラット〉のバランスを維持しようと、試行錯誤のなかで見いだしたのは、「その腕の振りを小さくする」というものだ。少し傾きかけると、手が小刻みに動く。もはや重心のずれを補正するような働きはない。それでも「おっとっと……」とがんばっているかのような仕草がとてもかわいい。

ジャイロセンサからの傾きの情報に合わせて、手を動かすスピードもわずかに変えてみる。バランスが取れているときは悠然と、身体が大きく傾きはじめると慌てたように動く。このことで〈ペラット〉の内部状態を表示できるようになった。なにも語らずに突然にバタンと倒れてしまうより、ちょっと慌てた感じが伝わると、まわりの者もそれに構えておくことができそうだ。

その腕や手の動きはバランスを保つためという物理的な意味を失い、図らずも一種の身振りや手振りとしての役割が加わることになった。「自分でなんとかしよう」と考えるよりも、いざとなったら人から支えてもらおうという方針転換なのか、「自分でもがんばろうとしているけれど、もし倒れそうになったら助けてね」とのメッセージも伝わってくる。幼児のおぼつかない、まごまごしたふるまいにも、そんな意味があったのだろうか。まわりからの手助けを期待しているようで、これはこれで捨てがたいものなのだ。

5 〈バイオロジカルな存在〉から〈ソーシャルな存在〉へ

フラフラ、ヨタヨタと部屋のなかを動きまわり、壁や人に近づくと、一つの居場所を見つけたように、そこでじっとしている。ときにはバランスを崩しそうになりながら、その手を小刻みに動かす。まだまだ途上にあるけれど、これが現時点における〈ペラット〉というロボットの一つの到達点になるだろう。

〈ペラット〉の手振りや身振りというのは、内部状態に合わせてスピードを変えているだけであり、わたしたちに向けられたものではない。内部状態の表出だけれど、まだ社会的な表示（social displaying）にまで至っていない。それでも、社会性のめばえのようなものを感じてしまうのだ。

「うー、もうだめかも……」と、自らのバランスをなんとか保とうと奮闘していたら、そんな状態を察してか、誰彼となく近づき、その様子を心配そうに見守ってくれた。そんな経験を重ねるなかで、〈ペラット〉の身振りや手振りはいつしか他者を志向するものになるのだろう。「もうだめかも……」という言葉がなくても、身体から思わず発せられるような、「とっ」「うっ、うっ」という呻き声ではどうか。手振りや身振りの延長として、身体に張りついたような声に、たまたま人がふりむく。それに合わせ、「うっ、ちょっと（たすけて……）」と、他者を志向した発話に変化していく……。〈ペラット〉にとっては、まだ思索段階に過ぎないのだけれど、そうした可能性も十分にあり得るものなのだ。

発達心理学者の麻生武によれば、「ヒトの赤ん坊というものは、きわめて生物的に未熟な存在である。ヒトの赤ん坊がなんとか生き延びられるのは、赤ん坊のひ弱さを周囲の大人たちが自分たちの（解釈的な）育児活動によって積極的に補うからである」という。また、「未熟であることには、それなりに適応的な意味があるのだ」と（麻生、二〇〇二）。

ベルンシュタインの議論と合わせて考えれば、上記の「生物的に未熟な存在」のところを「自らでは律しきれないほどの〈冗長な自由度を備えた身体〉」と読み替えることも可能だろう。わたしたちヒト（＝ここではシンプルな〈ペラット〉をモデルとしてみた）は、自らでは律しきれないほどの〈冗長な自由度を備えた身体〉を選び取ることで、柔軟性や適応性を手に入れた。同時にまわりの環境を上手に生かすことで、自らの制御と環境に対する高度な適応を可能としてきた、と。

〈ペラット〉などの多くのロボットは、まだ〈バイオロジカルな存在〉としての入り口にあるものだけれど、これから〈ソーシャルなロボット〉へとステップアップしていくポイントの一つは、「この他者を含んだ社会的な環境をどう生かして、その柔軟性と適応性を維持していくのか」ということだろう。そのためには、自らの状態を隠すのではなく、他者からも参照可能なように表示しておくことだ。そもそも〈他者とのソーシャルな関係〉とは、自らでは律しきれない身体を備えてしまい、自分の行為なのに自らのなかでは完結できないところから必然的に生まれたものにも思えるのである。

〈ペラット〉は、まだ「じっとしている」という自らの定位のために、他者の存在を利用している程度のものだけれど、幼児が地面を味方につけながら、スマートに歩くことを覚えていくように、その先には他者からの支えを予定しながら、自らの行為を組織していく場面も増えていくことだろう。

次章では、人とロボットとの社会的な相互行為の組織化の例を手掛かりに、「ソーシャルな存在としてのロボットとはなにか」について議論していくことにしたい。

第3章 ロボットとの社会的相互行為の組織化

1 街角にポツンとたたずむロボット

どこかの店舗に依頼されてのことなのか、その小さなロボットは街角にポツンとたたずみながら、ポケットティッシュを行きかう人に懸命にくばろうとする。キョロキョロとあたりをうかがいながら、人が近づいてきたら、すかさずティッシュを差し出すことを繰り返すのだ。

「こうした単調な作業ならばロボットに向いているのではないか。一日中、そこに立っていても、疲れることも、お腹を空かせることもない。もしかしたらアルバイトを雇うよりも安上がりなのではないか……」と、そんな魂胆もあってのことなのだろう。

　このロボットの様子をしばらく観察してみよう。カメラに映り込む動画像やセンサからの距離情報を手掛かりに、画面のなかに人影を見つけ出しては、その動きを追いかける。そうして、人がこちらの方に近づいてくるのに合わせ、おもむろにティッシュを差し出すのだ。しかし、いざティッシュを手渡そうとするも、人の動きというのは殊の外俊敏であり、なかなかタイミングが合わない。朝のあわただしさのなか、ロボットなどを相手にしている暇はないのか、目の前をあっという間に素通りしていってしまう。

　ロボットは過ぎ去っていく人の後を見送るようにして、ティッシュを残念そうに引っ込める。そうして目の前に人が現れるたびに、そっと差し出しては、うまくいかないとわかると、また引っ込めることを繰り返す。やはり、こうしたロボットのティッシュくばりに足を止めてくれる人はいないのだろうか。

　アルバイトの学生たちも、はじめはこんな感じなのかもしれない。「こんにちは、どうぞ!」と張り切ってティッシュをくばろうとするも、多くの人はそこを避けるように、そそくさと通り過ぎていってしまう。なにげない挨拶や好意をいとも簡単に無視されてしまうのは、さぞかし辛いことだろう。「対面的な相互行為には賭けを伴う」といわれるように、見知らぬ人に挨拶をするだけでも、本当はドキドキしてしまうものなのだ。

　ただ、ここはよくしたもので、ロボットなりの特質も生かせそうだ。あらかじめプログラムされた通りに、手を差し出し、うまくいかないとわかると、それを引き戻すことを淡々と繰り返す。ロボットならば（まだ）心を痛めることもなければ、体面をつぶされてしまうこともないのだろう。

しかし、どうだろう。当のロボットは心を痛めることはないけれども、そんな健気なロボットの姿を目のあたりにすると、どこか放っておけない気持ちになる。理由はいろいろあるだろう。ダメとわかっていても、なんどもチャレンジすることをあきらめない、そんな真摯な姿に思わず心惹かれてしまう、そこに自分の姿を重ねてしまうこともあるはずだ。

また淡々とした姿勢も見逃せない。「まぁ、いいか」と、どこか抜けた感じがあって、あまり強引な感じとか、必死な感じはしない。そんなふるまいに対して、受け取ってあげても、無視してもいいといった選択肢があるのはうれしい。心に余裕も生まれて、「せっかくだから、受け取ってあげようかな……」との気持ちにもなる。

そんな様子をしばらく見ていたのだろうか。ひとりのおばあちゃんが近づいてきて、立ち止まってくれた。そうしてロボットの差し出す手の動きに合わせるようにして、ティッシュをうれしそうに受け取ってくれたのだ。ティッシュを上手に手渡すことができたというより、むしろ受け取ってもらったという感じだろう。

おばあちゃんは、「ありがと！　おりこうさんだねぇ……」といいながら、ロボットの頭を軽く撫でるようにして、その場を離れていく。ロボットもおばあちゃんの後ろ姿を見送るように、小さく会釈をするのだ。

ロボットにとっては一瞬のことだったに違いない。なにかを考える暇もなく、「ティッシュを手渡す」という念願がかなってしまった。一方で、ロボットに手を貸してあげたおばあちゃんも、「まんざら悪い気はしない」というふうに、どこか穏やかな表情を浮かべていたに違いない。

2 〈アイ・ボーンズ〉の誕生

（1）〈背骨〉をモチーフとしたロボット

ちゃっかりティッシュを手渡していたのは、筆者らのラボの代表的なロボットの一つ、〈アイ・ボーンズ〉である。もともとは、ある博物館のなかで展示物を案内してくれる「子ども館長」をイメージして作られたものだ（図1）。

「博物館からイメージされるものとは？」との問いに、学生たちと新たなロボットを構想するなかで浮かび上がってきたのは、なんと〈骨〉だった。「だって、博物館には恐竜の骨がいっぱいあるじゃないですか」「おー、なるほど！」と、にわかに「恐竜の骨をモチーフとするロボットを作ろう！」というプロジェクトが生まれたのだ。ロボットの名称（iBones）も、この骨に由来している。

ベルンシュタインの議論を意識していたわけではないけれど、軟体動物と甲殻類の間にある〈コラム〉、バランスを取りながら直立し、おぼつかない姿でうろつくだけの〈ペラット〉、これらに続いて脊椎動物の証である〈背骨〉をモチーフとしたロボットが生まれてきたのは偶然ではないようだ。

図1　街角にたたずみながらポケットティッシュをくばろうとする〈アイ・ボーンズ〉

ティッシュをくばろうとするも，人の動きは殊の外早く，なかなかタイミングが合わない．手を差し出し，うまくいかないとわかると残念そうに引っ込める．このモジモジした姿に思わず引き込まれてしまう．

〈アイ・ボーンズ〉のボディは、四つの「背骨」と「頭部」に相当するパーツがパラレルリンク機構で結合されただけのシンプルなものである。「しなやかな脊椎」とまではいかないものの、筋肉ならぬサーボモータの働きを借りて、前のめりや反ったような動きを生み出す。そこにシンプルな「頭部」が載せられている。「人の姿を追いかけるようにして、ティッシュを差し出す」などのソーシャルなインタラクションを考えていく上では、「軟体動物や甲殻類ではなく、やはりしなやかで安定した体幹がなくてはならない」とあらためて思う。

ベルンシュタインも指摘するように、視覚はヒトのもっとも重要な感覚器である（ベルンシュタイン、二〇〇三、四七頁）。〈アイ・ボーンズ〉の目はくぼんでおり、その奥にあるカメラ（＝眼球）は見えないのだけれど、あたりの様子をうかがったり、人を見つけるとその姿を追いかける。こうした動きが生み出せるのも、安定した体幹に支えられてこそ。ただ〈ペラット〉のように身体を直立させ、平衡を保つことまではしていない。「背景レベル」においてすでに自動化されたものとし、ここでは機能から省いて考えることにしよう。

移動運動はどうだろう。これもデザインのなかにとけ込んであまり目立たないのだけれど、移動のためのホイールを備えたプラットフォームは、〈お掃除ロボット〉のものをベースとしている。前進、後退、旋回などが可能であり、「自らの居場所を見いだし、そこでじっとしている」という定位（positioning）、「だれかに身体を向ける、そして興味があれば近づいてみる」などの姿勢を向ける（addressing）、接近（approaching）などの基本動作は、これで十分に思える。

それと〈アイ・ボーンズ〉の動きのなかで欠くことのできないのは、やはりヨタヨタ感である。パラレルリンクで結合された「背骨」だけでは、カクカクとした動きになってしまい、そのデザインとあいまって、ただの不気味なモノになってしまう。そこで活躍しているのが移動用のプラットフォームとボディをつないでいるスプリングの働きである。ちょうど弾力のある軟骨に相当するもので、サーボモータの機械的な動きを上手に吸収しつつ、ヨタヨタした生き物らしい動き（biological motion）を生み出す。くわえて、ロボットの移動の際にも、二つのホイールを小さく交互に動かす工夫が欠かせない。カニ歩きのような動きとなって、どこかに懸命に歩こうとする意思が伝わってくるのだ。

ボディ全体のヨタヨタ感、どこかに向かって懸命に進もうとする姿、そしてなにかを追うような頭部の動きなど、これらが相まって〈アイ・ボーンズ〉の生き物らしさを支えている。こうした工夫がないと、おばあちゃんが〈アイ・ボーンズ〉に心を寄せるところまでいかない。キカイキカイしたふるまいでは、すぐに「設計的な構え」を引き出してしまうのである。

(2)〈アイ・ボーンズ〉の内なる視点から

体幹だけから構成された〈アイ・ボーンズ〉に、「体肢」つまり腕がつくことになったのは二年後のことだ。その間は、なにをしていたのかといえば、博物館で「子ども館長」をする話が立ち消えとなり、しばらくは目標を失っていたのである。

そんなときに大学のラボはありがたい。年度が変わると、新しい学生たちもやってくる。「じゃ、ちょっと練習も兼ねて、遠隔操作で〈アイ・ボーンズ〉を動かしてみよう」となった。先の〈コラム〉のところでも経験したけれど、「自律したロボット」を目指すロボット研究において、遠隔操作に甘んじるのは、一歩も二歩も後退するような話なのだ。けれども実際に動かしてみると、これはこれでおもしろい。ロボットの内部に入り込んで、内側から外の世界を見てみる、つまり「ロボットの内なる視点から世の中を観察できる」というわけだ。

このロボットの遠隔操作とは、どのようなものなのだろう。〈アイ・ボーンズ〉は、ベースにあるホイールを使って、前進・後退・旋回が行える。そうした個々の動きをゲームで使用するジョイスティックのようなコントローラで操作する。他にも「背骨」と「頭部」の動きを担当するサーボモータを動かせば、興味の赴くままキョロキョロとあたりを見回すことができる。

ここで欠くことができないのは、やはり視覚の存在だろう。ロボットの頭部にあるカメラからの画像がなければ、暗闇のなかをただ動きまわるようなものだ。理想的には、頭部に装着するHMD（ヘッドマウンティッドディスプレー）と加速度センサの組み合わせだろう。操作者の頭部の動きと遠隔に置かれた〈アイ・ボーンズ〉の頭部の動きとを連動させ、ステレオマイクを使って、ロボット側の聴覚で拾っている音を聞く。こうすることで、ロボットが遠隔にあって遭遇している世界に没入できるというわけだ。

早速、HMDをかぶり、ロボットの内なる視点から外の様子を眺めてみた。ロボットが静止した状態にあっては、外の情景がカメラを通して映し出されているだけである。塀の穴から外をのぞいているようなものだろう。とりあえず前進のコマンドでロボットを動かすことにした。すると、それに合わせて外の情景も動きはじめる。と、ここまでは想定されていたことだけれど、この動きのなかに、いままで見えていなかったものが立ち現れてきた。

それは自分の身体（＝〈アイ・ボーンズ〉）である。まわりの景色がこちらに近づいてくるようにも見えたけれど、同時に、自分の身体がそこにあって、前進しようとしているのがわかる。ロボットを後退させてみると、情景が少し遠のくのに合わせ、自分の身体も後退する。そんな〈自らの身体イメージ〉がすっと現れてきたのである。

ロボットが前進するのに合わせて、情景がこちらに近づき、一部は背後にどんどん流れていく。これはジェームズ・J・ギブソンの指摘した「包囲光配列（ambient array）」そのものだろう（Gibson, 1979;

佐々木、二〇一五）。「自己を特定する情報は必ず環境を特定する情報とともにある」ともいわれる。自らの動きに伴う情景の見えの変化のなかに、自分の身体（＝遠隔にある〈アイ・ボーンズ〉）は、いまどこに向かおうとしているのか、どんなスピードで動いているのか、そうした自らの状態を特定できるのだ。

「自分の身体は、自らのなかに固有のものとしてあり、自分だけで感じられるもの」と、そんなふうに思ってきた。しかしロボットのなかに閉じ込められてみると、「自分のなかに閉じていては、自分の身体の状態でさえもうまく把握できない」ことを実感できる。前章で紹介した〈コラム〉のところですでに体験したように、「なにげなく動いてみる、とりあえず動いてみる」とは、「まだ満たされざる（unfilled）状態にある、自分の行為の意味」を見いだすための所作でもあるのだ。

自分の顔はどうだろう。塀の穴から外をのぞき見るようにしていては、そこに自分の顔は見えてこない。エルンスト・マッハが「左目から見た自画像」を描きながら指摘したことだ。HMDを通してロボットの内なる視点から外界を眺めてみると、そこには自分の顔はない。ほんの少しうつむくと、ようやく自分（＝ロボット）の足元が見えてくる程度である。

それでも、なにげなく頭部を上下左右に動かしてみると、自らの動きに呼応した外界の見えの変化のなかに、「いま自分はそこでなにをしているのか、どこに注意を向けているのか」と、そんな自分の存在を感じることができる。これは認知心理学者のアーリック・ナイサーが「生態学的な自己（ecological self）」と呼んでいたものだろう（Neisser, 1995; 板倉、一九九九）。

こうした情報に気づくようになると、自らの視野からは隠れている〈アイ・ボーンズ〉を操作することも比較的容易になる。「自らの身体を動かすには、その包囲光配列を動かし、自らの身体を静止させるには、包囲光配列の流れを止める」、この「視覚性運動制御」と呼ばれる感覚も、書物で読んでいたときにはピンとこなかったものだ。けれども〈アイ・ボーンズ〉を思い通りに動かそうと試行錯誤してみると、その感覚がよくわかってくる。とりあえず環境に委ねつつ、そこから立ち現れる情報を手掛かりに身体を動かす。これもまわりと〈ひとつのシステム〉を作り上げる感じなのだ。いつの間にか、〈アイ・ボーンズ〉が自らの身体の一部として、すーっと動きはじめるのである。

自分の内なる視点からは、自分の顔が見えないように、自分の行為の意味も、自らのなかに閉じていては知りえないものなのだ。「どうなってしまうかわからないけれど……」と、行為を外に繰り出すなかで、ようやく見えてくるものがある。なにげなくあたりを見回してみる、とりあえず身体を前進させてみる。これらの行為もまわりに委ねつつ、自らの行為の意味を見いだすための大切な知覚行為でもあったのだ。

(3) カメラのようなロボット、ロボットのようなカメラ

生態心理学に馴染んだ方々には、少し退屈な話となってしまっただろうか。ラボの学生たちもキョトンとするばかりだろう。〈アイ・ボーンズ〉の遠隔操作の際に感じる身体の拡張感とか、生態学的な自己の獲得など、ロボットの〈内なる視点〉を利用した生態心理学のレッスンとしては興味深い。

ただ、「それはどんなところに役立つの？」といった社会の期待にはなかなか応えられそうもない。「まぁ、ちょっとはロボットの身になって考えられたかな……」では、研究テーマとしても弱いのだ。

そんなときに苦し紛れにひねり出されたのは、「カメラのようなロボット、ロボットのようなカメラ」というアイディアだった。これはいったいどういうものなのか。

ラボのなかで〈アイ・ボーンズ〉を操作するコツはほぼマスターできていた。「じゃ、これを子どもたちのところに連れ出したらどうだろうか」と、さっそく大学近くの「こども未来館」という公共の施設に運んでみたのだ。

第1章でも述べたように、メディア研究の世界にあっては、子どもたちは、もっとも手厳しい評価者となる。物珍しさも手伝って、はじめは興味を示してくれる。ところが「なんだコイツは？　たいしたことないじゃないか」とソッポを向かれた途端に、子どもたちの関心は他のモノに移っていく。そこにロボットだけがポツンと取り残されてしまうことも多い。では、〈アイ・ボーンズ〉に対する子どもたちの評価はどのようなものかというわけだ。

とりあえず、ドキドキしながら子どもたちのところに近づいてみた。彼（彼女）たちは遊びに夢中になっており、なかなか気づいてくれない。けれども、ひとりの女の子が「えっ、なにこれ？」という表情で近づいてきてくれた。ほっとしつつも、なんだか照れくさい。他の子どもたちも、それに気づいたのか、あっという間に子どもたちに取り囲まれてしまったのだ。

彼（彼女）らの遊びの様子を探ろうと、そこに研究者である大人が入り込んだのでは、その場の雰

図2　子どもたちの遊びの場のなかに紛れ込んだ〈アイ・ボーンズ〉
「なんだ，コイツは？」とばかり，その物珍しさ（新奇性）も手伝って，子どもたちの様々な知覚行為を引き出す．子どもたちの世界に非日常性をもたらすという意味で，ロボットはまだ捨てがたい存在である．

囲気はすぐに壊れてしまうことだろう。しかしロボットならば、子どもたちの遊びのなかにもすんなりと入り込めてしまう。その意味でロボットは、参与観察の手段、つまり遊びの場にひとりの参与者として加わり、その視点から観察可能なユニークな存在となれるのである。

「へー、なにこれ?」、子どもたちは至近距離から、ためらいもなくのぞき込む。〈アイ・ボーンズ〉の身長というのは、ちょうど子どもたちの胸のあたりだろう。自分たちより年少の子どもをかわいがる感じなのだ。だれかが頭をナデナデしているのがわかる。「どこから来たの?」「かわいい……」と、どこからともなく声が聞こえる。ちょうど着ぐるみのなかに入っているような感じだろう。いつもよりだいぶ小さくなってしまったような気もするけれど、それを纏っている間だけは、モテモテなのだ。「こんな経験はいままでなかったことだ……」と、新たな自分を見いだしたような気分にもなる。

その視野のなかには、自分の顔や表情は見えない。けれども子どもたちの表情や仕草のなかに、「自分は、子どもたちからどのような存在として受け入れられているのか」が映し込まれている。これは先ほどの「生態学的な自己」というより、「対人的な自己（social self）」の獲得の好例となるものだろう。

こうした試みを続けるなかで気づいたのは、「ロボットに向けられる子どもたちの表情がとても自然でかわいい」ということだ。それは普段であれば筆者のような年長者に向けられる表情ではない。「えっ、これはなに？　一緒に遊んでくれるの？」という具合に、不思議な風貌をしている〈アイ・ボーンズ〉に対する素直な関心として向けられたものなのだ。

この表情をそのまま一枚の写真として残せないものだろうか……。あらためて考えると、カメラを向ける人によって、表情はそれぞれ違ったものとなるだろう。それなら〈アイ・ボーンズ〉に向ける子どもの表情はどうなのか。遊び相手として迎え入れようとする笑顔や「どんなかかわりをしていいものか」とちょっと戸惑った表情など、もしかしたらプロのカメラマンにも捉えられないオリジナルなものになるのではないか。それは子どもとロボットとの関係構築のプロセスのなかに立ち現れたものなのだ。

こうして、〈ロボットのようなカメラ、カメラのようなロボット〉のアイディアをしばらく説いてみたけれど、学生たちはどこかピンとこないらしい。「それはつまり、ロボットのカメラから、子どもの顔を捉えればいいんでしょ」、「で、どんなタイミングでシャッターを？」、「これだけで本当に研究テーマになるんですか？」と畳みかけられ、あえなく却下されてしまったのだ。

その数年後のことだ。とある学会で論文賞を受賞した仕事のなかに、ほとんど同じアイディアを見つけてしまった。同じようなことを考える人は、世の中に何人かはいるということなのだろう。

3　ティッシュをくばろうとするロボット

（1）「ポケットティッシュをくばる」というのはどうか？

そうした学生たちとの議論のなかから生まれたアイディアが、本章の冒頭で紹介した「ティッシュをくばろうとする〈アイ・ボーンズ〉」である。

あまり利便性ばかりを追求するロボットには興味はない。けれども、「他者にティッシュをくばる」行為は、とてもシンプルでおもしろそうだ。ティッシュをくばろうとするも、相手が受け取ってくれなければ、ティッシュを手渡すことにならない。その行為は自らのなかだけでは完結できず、他者に対して半ば委ねる必要がある。「ティッシュを手渡したい」との思いを伝えつつ、「ティッシュを手渡す」というかかわりを人とロボットとの間で瞬時に組織していくわけだ。果たして、そうしたことが可能なのか。相手は見知らぬ他人であり、こちらも素性のよくわからないロボットなのである。あらためて考えるなら、人とロボットとの社会的な相互行為の組織化を議論していく上で、もっともプリミティブな場面を提供してくれるのではないか。そうした期待もわいてきたのである。

「じゃ、まず必要なのは手と腕かな……」と、早速、準備にとりかかることにした。柔軟なリーチング動作を生み出すには、どのような機構にすればいいのか。手を向けるスピード、手を伸ばす幅、どんなタイミングで手を伸ばしたらいいのか。あらかじめ動作を作り込んでおいたのでは、すぐに機械的なふるまいになってしまう。それに相手はどのような反応を示すのか皆目見当がつかない。先にベルンシュタインなどの議論に学んだように、見知らぬ相手に適応していくためには、「作り込みを最小にして、冗長な自由度を残したまま、多くを相手に委ねてみよう」というわけだ。

学生たちの巧みな設計やアイディアに助けられ、パラレルリンク機構を上手に利用した腕が完成した。少ないモータ数でも、それなりにティッシュを手渡そうとする動きとなっている。ティッシュをつかんだり、それを手放したりするだけなら、手の親指の動きを用意すれば十分だ。それに「ティッシュを手渡すだけなのだから、腕は片方あれば十分なのではないか」と、腕は片側だけに取りつけることにした。左右対称に整うよりも、むしろ非対称な方が、なぜだか生き物らしいということもある。ティッシュを補給する手段を欠いているのはご愛敬である。まだまだプロトタイプの域を出ていないのだ。

なんとか準備も整って、とりあえず〈アイ・ボーンズ〉を人の行き交う街角に置いて、その様子を探ってみることにした。まずは静止した状態で、外の様子をロボットのカメラ越しに観察してみた。すると広場で遊んでいた子どもたちとは違って、一般の人たちの歩くスピードは、想定していた以上に速い。カメラの視野角が狭いこともあるだろう。人の姿がふいに現れたかと思えば、すぐに視野から消えてしまう。それにロボットが静止しているためなのか、こちらを気にすることもなく、そこを素通りしてしまうようなのだ。

これだけの人ごみのなかにあって、だれも自分の存在に気づいてくれないのも、なんだか妙なものだ。その場にポツンと取り残されてしまったような、あるいは透明人間にでもなったようで、自分がとても小さな存在に思えてくる。それと「なにをしようとだれも気にしない」という意味では、ちょっとした解放感もあるけれど、「ここでなにをしたらいいのか……」と、与えられた自由度を持て余し気味になるのである。

（2）とりあえず身体を動かしてみる

それでも手をこまねいてばかりもいられない。とりあえずジョイスティックを操作して、搭載してもらったばかりの腕を動かしたり、移動機構を利用して前進を試みることにした。こんなときに自分の身体（＝〈アイ・ボーンズ〉）のありがたさを思う。姿勢の平衡がしっかり保たれているため、頭部も比較的安定し、キョロキョロとまわりに目をくばることができる。人の姿を見つけては、その動きを追いかけながら、手を差し伸べることもできるのだ。

ただ、やみくもに動かしていたのでは、どうも手応えがない。フワフワしているのは、自分の存在感だけでなく、手を差し出したり、自分の身体の位置を変えてみるという行為の意味もまだ定まっていないためのようだ。かつて学んでいた電子工学の講義で「接地（ground）」という言葉を耳にしたけれど、ちょうど地に足が着いておらずに、どこかフワフワとしている感じだろうか。

それでも、なんとか続けていると、次第に要領もつかめてくる。こちらに近づいてくる人の顔を追いかけるようにして、少しだけ近づいてみることに。すると、こちらに気づくなり、ほんの少しスピードを緩め、その進路をわずかに変えてくれたのだ。よく見たなら迷惑そうな顔をしていたかもしれない。それでもうれしく思う。わずかに進路を変えるという行為は、こちらの存在を評価してのことだろう。はじめて「自分がそこにいる」ことを確認できた瞬間でもある。

それに気をよくして、人の姿が目に入るたびに、前進コマンドを駆使して、すかさず一歩を踏み出してみた。しかし、そうたやすくことは運ばない。多くの人はそれを気にするふうでもなく通り過ぎて行ってしまう。相手との距離も大切な要素なのだろう。離れ過ぎていたのでは、その存在にすら気づいてもらえない。あまり近づき過ぎても、通行の妨げになってしまうようなのだ。

それにせっかく相手に近づこうにも、肝心の相手が離れていってしまうのでは近づくことにならない。本来なら「あなたに近づこうとしてるんですよ」と相手に意思を示しつつ、同時に相手も「はい、わかりました。じゃ、ここで待ってますからね」というメッセージが交わされないと、「相手に近づく」こともさえも実現できないのだ。

アーヴィング・ゴッフマンの言葉を借りるなら、雑踏のなかにあって、そこを通り過ぎようとする人たちの群れは、いわゆる「焦点の定まっていない（unfocused）集まり」だろう（ゴッフマン、一九八〇）。では、どのようにしたら、その一部の人を引き込んで「焦点の定まった（focused）相互行為」へとシフトさせることができるのか。いまの〈アイ・ボーンズ〉にできることは、相手にわずかに近づいてみること、そしてティッシュを持った手を差し出してみることだけだ。

まったく気づかずに、そこを通り過ぎてしまう人は多い。けれども、ときどきちらっと目をやり、でも気づかなかったようにして、そこを素通りしようとする人、そして少し立ち止まるようにして、その様子を眺める人なども現れてくる。

あらためて考えるなら、「ティッシュを差し出してみる」行為は、多様な働きを包含するものだ。一つは「ティッシュを相手の近くまで運ぶ」という遂行的な行為である。同時に「いま、あなたにティッシュを渡そうとしているんですよ」と自分の意思を示すための表示行為でもある。くわえて「自分に関心を向けてくれる人なのかどうか」と相手を特定するための知覚行為であり、「自分はティッシュをくばろうとする社会的な存在なのか、それとも、ただの妙なキカイなのか」と自らの役割や立ち位置を特定する行為でもあるのだろう。

そうした行為をなんどか繰り出すなかで、〈アイ・ボーンズ〉を操作するコツやタイミングもつかめてくる。それと自分のふるまいに対して、振り向いてくれそうな人とそうでない人とを見分けられるようになる。これも自分の身体がそこにあってこそ、そして自らの行為を繰り出してこそのことだ。透明人間であっては、こうした知覚行為もままならないだろう。

（3）人は〈アイ・ボーンズ〉をどのような存在として捉えるのか

はじめはどこかギクシャクとしていたけれど、試行錯誤を続けるなかで、〈アイ・ボーンズ〉のふるまいも洗練され、他の人から見た印象も少しずつ変化してきた。

ヨタヨタしつつも、その姿勢を保ちながら（＝背景レベル）、目の前を通る人を頭部の動きで追いかけ続ける（＝先導レベル）。人がちょっとスピードを緩めるのを逃さずに、ティッシュを持った手を伸ばしてみる（＝行為レベル）。これらのレベルは見事に連携しており、キカイキカイしたロボットというより、ちょっとした生き物のように見えてしまう。ベルンシュタインの定義に従えば、十分に「巧みな動作」といえるものだ（Bernstein, 1996）。

その場に居合わせた人たちは、このようなふるまいをするロボットをどのような存在として捉えるものなのか。なにも気づかずに通り過ぎてしまう人、とりたてて気にしない人、あるいは「あっ、ロボットだ、なにをしているのだろう」とちょっと気になるも、妙なモノに近づいて面倒なことに巻き込まれたくないと、そそくさと離れていってしまう人もいる。ロボットだからといって、必ずしも強い関心を向けてもらえるわけではない。アルバイトの人たちがティッシュをくばるような状況と、それほど大きな違いはないのだ。

それでも、〈アイ・ボーンズ〉の懸命なふるまいに対して、「どこか放っておけない」と感じてか、近寄ってきてくれる人も現れる。「新奇性」と呼ばれるような物珍しさも手伝ってのことだろう。あるいは「なにをしようとしているのか」と気になってなのか、その対象に対して志向的な構えを取り、意図を探ろうとしたり、モタモタした姿に思わず自分の身体を重ね、寄り添ってしまうこともある。

こうした志向的な構えや身体的ななり込みにくわえ、ロボットに対して「社会的なもの」として敬うような側面はあるのだろうか。「ダメとわかっていても、なんどもチャレンジしようとする姿に思わず心惹かれてしまった」「どこかかわいそうに思って、ティッシュをくばろうとする行為に応えてあげた」のは、このロボットをわずかに「社会的なもの」として認めているからなのではないか、そのようなふるまいに対する敬意のようなものもあってのことではないかというわけである。

ゴッフマンは『儀礼としての相互行為』のなかで、社会的な相互行為秩序を維持するためのメカニズムの一つとして、体面や儀礼に着目している（ゴッフマン、二〇一二）。これを〈アイ・ボーンズ〉と人とのかかわりに当てはめてみたらどうだろう。

わたしたちは他の人から「社会的に価値ある存在」として認めてもらうために、適切な品行をもってパフォーマンスしている。また自らの行為や判断に適切な品行を備えていることにくわえ、他者の適切な品行に対して表敬（＝リスペクト）をもって応えているという。「このバランスを保てない者は、社会的な価値を持つ者とはいえない」というのだ（中河・渡辺、二〇一五）。

ロボットという存在に対してはどうなのか。一生懸命に礼儀正しくティッシュをくばろうとする〈アイ・ボーンズ〉の姿を目にすると、わたしたちも放っておけない気持ちになる。「かわいそうじゃないか。彼（彼女）の真摯な行為を無視していたのでは、体面をつぶしてしまうではないか」と。くわえて「これを無視して通り過ぎる自分はこれでいいのだろうか。適切な品行を備えた者として、これではいけないのではないか」という葛藤もあってのことだろうか。思わず立ち止まり、〈アイ・ボーンズ〉の「ティッシュを丁寧に差し出す」行為に対して、リスペクト（表敬）をもって応えてしま

図3　子どもにティッシュをくばろうとする〈アイ・ボーンズ〉
ちょっと恐る恐るなのだけれど，子どもはロボットからの好意を無下にもできないとの思いからか，手を伸ばしてティッシュを受け取ろうとする．

う側面もあるだろう。一方で、ティッシュを受け取ってくれた者に対して、ロボットが軽く会釈を返すことは、その適切な品行を持った人の行為に対する表敬として解釈されるものだろう。

多くのロボットがそうであるように、いまの〈アイ・ボーンズ〉の機能面からみるならば、まだ「社会的なもの」とか、体面などを議論する水準にはない。その行為や存在を「社会的なもの」として捉えるかどうかは、他者からの評価に一方的に委ねられている。

やみくもにティッシュをくばろうとキカイ的にふるまっていたのでは、なかなか相手にしてもらえそうにないけれど、ロボットが目の前を通り過ぎようとする人の存在や動きをきちんと把握した上で丁寧に手渡そうとする。それを「適切な品行を持った行為」と解釈する人物が現れ、その行為に対して表敬をもって応えてもらう。そんな積み重ねのなかで、まわりからの一定の評価を得ていくのだ。いわゆる「体面」とは、他者との出会いのなかで、お互いの属性を位置づけるプロセスから生まれるものなのだろう。

ロボットが体面を保つ、あるいはロボットが体面をつぶされるのは、こうした手順を踏んだ後である。「このロボットには、まだメンツはないはずだ」となんとなく考えていた。ティッシュを差し出そうとして他人から無視されても、よもや心を痛めることはないだろう、と。ただ、こうした議論の後から振り返ってみると、どうやら〈アイ・ボーンズ〉は、他者とのかかわりのなかで、自らはどんな存在なのかを自覚する（つまり対人的な自己を見いだす）ところまでは至っていないようなのである。

(4) ロボットに対する儀礼的無関心

ここまではロボットのメンツをつぶさないようにと、まわりの人たちが思わず配慮してしまう側面を見てきた。街角を行き交う人たち、つまり「焦点の定まっていない集まり」のなかにあって、ただ放って置かれずに、時にはだれかにかかわってもらえるとしたら、「わたしたちの社会相互秩序を支えている儀礼という恩恵をうけたものなのではないか」というわけだ。

ただ実際はどうなのかといえば、わたしたちがロボットの体面をつぶしてしまうより、むしろロボット側が人の体面をつぶしてしまうことが圧倒的に多いように思われる。一部の人はロボットの体面を保とうと行動してくれるけれど、ロボットが人の体面に気をくばったり、その行為が適切な品行を伴ったものなのかをまだ十分に評価できない。そうしたこともあり、いろいろとギクシャクとしたやり取りになってしまうようだ。

ある店先に置かれたロボットに、いたずら半分で「おはようさん！」とやさしく挨拶をしてみる。でもロボットは軽く首を捻るばかりで、わたしの挨拶に対する応答は返ってこない。「あれっ、どうした？」となる。音声認識の不具合だろうか、それとも「おはようさん！」は想定外の言葉だったのか。せっかくの挨拶が無視された格好になり、なんとも居心地が悪いのだ。

ロボットは相手からの品位ある行動を十分に理解できていないわけだから、それに対して表敬をもって応えることは難しいのだろう。やさしくしてあげたのに、なんとも愛想がない。「なんだ、コイツは。たいしたことないじゃないか！」と、子どもたちでなくても、すぐにソッポを向かれてしまうはずだ。

そうしたことも想定してのことか、大人たちはもう少し違う行動を取っているはずだ。公衆の場にあっては、他の人の体面をつぶさないと同時に、自らの体面を保つことにも気をくばる必要がある。自らの行為が「適切な品行を持ったもの」としてロボットから正当に評価されないのであれば、自分の体面も保てないことになる。ならば「そんなロボットには近づかないでおくことにしよう！」となってしまう。といいながらも、あからさまに無視をして、ロボットの体面をつぶすようなことをしてもいけない。相手の体面をつぶすような行為は、品行を持ってふるまう精神に反し、自分の評価を下げることになるのだ。さて、どうしたものか。

「まぁ、ちょっとは気になるけれど、妙なことに巻き込まれたくもないし……」と、ロボットにチラリと目をやりつつも、そっと静かに立ち去ろうとする。これは「あなたを無視しているわけではありません。ちゃんと認識してますよ。でも、あなたには特別の関心はありません。だから、これ以上、視線を向けることはしません！」とのメッセージである。いわゆる「儀礼的な無関心（civil inattention）」と呼ばれているものである（ゴッフマン、一九八〇）。

特別な知り合いでもないのだから、じっと視線を交わすこともなければ、挨拶もしない。お互いは見知らぬ他人であることだけをちゃんと表示し合う。ただ、品行を持ってふるまっているロボットを無視して通り過ぎるわけにもいかない。というわけで儀礼的な無関心を装うというのは、ロボットに対する配慮でもあるし、わずかに「社会的なもの」として認めていることの現れなのだ。

ロボット側も、そういう人のふるまいに対して、いつまでも視線を向けているのも失礼なのかもしれない。せっかく「見知らぬ他人ですよ」と伝えてもらったのだから、「わかりました。わたしも、もうこれ以上は関心を向けませんよ！」と、ここは互いに無関心を決め込むことが肝要なのだ。

4　〈アイ・ボーンズ〉との微視的な相互行為の組織化

（1）社会的相互行為には賭けを伴う

こうして「ロボットの体面をつぶすわけにもいかない」と思ってなのか、ロボットのところに立ち止まってくれる人、そして「自分の体面を安易につぶされるわけにも……」と、ちょっと距離を置こうとする人などもおり、気軽にティッシュをくばろうとしても、そうやすやすとはいかない。けれどもわずかにチャンスもあって、ここは踏ん張りどころといえそうだ。

では、いよいよティッシュを手渡そうとする場面では、どのような様子となるのだろう。先に述べたように、ティッシュを差し出そうにも、相手が受け取ってくれなければティッシュを手渡すことにならない。自分のなかだけで決定できないのは、ちょっと辛いのだけれど、他者との相互行為の妙味でもある。これは受け取る側でも同じことだろう。実際の街角にあっても、ティッシュを受け取ろうと手を伸ばしたのに、配布対象を限定していたのか、ティッシュを手渡してくれないこともある。ティッシュをくばろうとする方も、受け取ろうとする方も、ちょっとしたドキドキ感を伴うものなのだ。

このことはティッシュの受け渡しに限らず、他者とのさまざまな相互行為場面においても観察できる。近づいてくる知り合いに挨拶をしようと、軽く手をあげて、「よっ!」と声を出そうとするも、相手は気づかずに通り過ぎてしまうこともある。「よっ!」と繰り出された声は挨拶としての意味を失い、宙に浮いてしまうのだ。

普段は相手の体面をつぶさないようにと、品行を伴った行為に対して敬意をもって応える。つまり丁寧に挨拶を返そうとするのだろうけれど、気づかなかったのであれば致し方ない。相互行為は脆弱なものであり、常に賭けを伴うといわれるゆえんだろう。

こうしたリスクを避けるために、どのように対処しているのか。一つは、どこか逃げ道を用意しておくことだ。「よっ!」という声が小さく、相手に届かなかったのであれば、ただ咳払いをしたことにすればいい。軽く手をかかげたのも、髪の毛の乱れが気になって、頭に手を当てたようにふるまえばいいのだ。

もう一つは、大きく外してしまうリスクを避けるために、小さなステップを重ねながら、相手の様子を丁寧に探る方法だろう。ティッシュをくばろうとする場合にも、本来であれば、その様子から判断して「ティッシュをくばろうとしている」というフレームを共有し、このフレームに照らし合わせて相手の一つひとつのふるまいを解釈すればいいのだけれど、「フレームを共有する」ことははじめから確立されたものではない。「体面＝自己のイメージ」を作り上げていくのと同じで、相手とのかかわりを重ねながら「フレーム」を共有していくための試行錯誤のプロセスが必要なのだ。

とりあえず、「どうなってしまうかわからないけれど」とドキドキしながら相手に近づいてみる。相手と距離を縮めるためだけでなく、相手はこちらに関心を持ってくれる人なのかを特定するための知覚行為なのだ。それ以前に、相手は見知らぬ他者であり、自分と同じような身体や感覚の持ち主であるのかを探っておくためでもある。

そこで相手の歩みがほんの少し緩むのであれば、「こちらの存在を意識してのことなのだろう」と判断して、もう少し歩を進め、こちらの行為に関心があるのかを探ってみる。こちらに顔を向けてくれて、迷惑そうな表情でなければ「関心あり」と解釈し、今度はすかさず手にしたティッシュをかざしてみる。

相手の視線がティッシュに向けられたのなら、相当に脈があると思っていいだろう。「自分の意図が相手に届いた」ものと判断し、手をもう少し前に差し出してみる。相手もその気になって、手を差し出してくれたのなら、「ティッシュを受け渡しする」というフレームがほぼ共有できたものとして、後はティッシュを落とさないように、それを手渡すことに注力するのみだ。相手の手がティッシュをつかむタイミングを計りながら、そっと手放す。そんなときには、ほんの少しだけれど、相手と自分の思いが一致したような気にもなる。「ティッシュを受け渡しする」「そのタイミングを計る」というシンプルなゴールに向け、お互いの志向を調整し合う瞬間があるのだ。

他者との出会いと接近、このような〈ファーストコンタクト〉や〈オープニング〉と呼ばれる相互行為の場面を見てみると、微視的な行為−知覚サイクルにより、リスクを避けながらの慎重な行為を重ねたものとなるようだ（西阪、二〇〇一）。相手の状態を特定すると同時に、相手の変化を手掛かりに自らの行為の意味を特定している。このとき、相手側も同様なアプローチを取っていることに注意したい。

ロボットがこちらに近づいてくるのは、どんな意味があってのことなのか。「もしやティッシュを渡そうとしているのか……」、そのことを確認するために自分の歩みを少し緩め、ロボットに視線を向けつつ、次の行動を探ってみる。「あっ、やはりティッシュを渡そうとしているんだな……」と、ティッシュに視線を向けながら、差し出してくれるのをじっと待ってみる。こうして、自らの行為に伴う相手のふるまいの変化が次の行為を導く情報になる。受け取ろうとする方もただ待つだけではなく、微視的な行為と知覚を繰り返している。このときロボット側の一連の行為と人側の行為とが一種の相互行為ループのなかで結ばれるのである。

か。

（2）お互いの冗長な自由度を減じ合う

こうして〈アイ・ボーンズ〉とのファーストコンタクトの場面を想定してみたけれど、どうだろうか。

ティッシュを差し出そうとするも、相手が受け取ってくれなければ、ティッシュを手渡すことにならない。同様に、ティッシュを受け取ろうにも、相手が手渡してくれなければ、受け取ることができない。相互行為における脆弱さに起因するリスクを回避するために、慎重に小さなステップを重ねていく。これは〈アイ・ボーンズ〉の備えるべき、精緻な相互行為調整のための行為‐知覚サイクルとしてはおもしろい。

ただ、これでは「薄氷が割れないことを確認しながら、ドキドキしながら慎重に歩を進めるような姿」にも見えてしまう。わたしたちのなにげない行為とは、こうしたドキドキの連続なのだろうか。素性のわからない他者との相互行為では、リスクを避けるために慎重にならざるを得ない。けれども、あまりに疑心暗鬼で事を進めていたのでは、リスクに備えるための認知的なコストも無視できないほど大きなものになってしまう。

わたしたちがなにげない一歩を踏み出すときはどうか。「どうなってしまうかわからないけれど」と思いつつも、地面からの支えを予定して、そこに半ば委ねる。それを可能とするのは、これまで培ってきた地面に対する「信頼」だろう。「なにげなく」とか、「行き当たりばったり」という、まわりに委ねる行動は、まわりの環境に対する信頼があってなされるものだ。〈アイ・ボーンズ〉が慎重な行為を重ねるのも、リスクを回避するだけでなく、こうした信頼関係を見いだそうとしていたのだろう。

相手をいったん味方にしてみると、相互行為の様相も少し違ったものとなる。お互いの腹の探り合いではなく、相手に制御の一部を担ってもらう「エコ」なスタイルとなるのだ。「ティッシュを手渡す」相互行為を、今度はお互いの「冗長な自由度」を減じ合う関係として捉え直してみたい。

街角に置かれたばかりの頃、〈アイ・ボーンズ〉の手の動きはどこか所在なくフワフワしていた。自分を縛るものがなく、自由度を持て余しているような感じだろう。そこに「ティッシュを手渡さなくては」といった、とりあえずのゴールなり、当面の課題に背中を押されるようにして、多くの選択肢から「ティッシュを差し出してみる」「だれかに近づいてみる」という行為が選ばれた。くわえて「相手の体面をつぶしてはいけない」とばかり、相互行為秩序という「社会的なもの」に対する制約の助けもあって、「焦点の定まらない集まり」は、ようやくお互いの自由度を制約し合うような「焦点の定まった相互行為」へとシフトしてきた。

それでも「どんなタイミングで手を差し出したらいいものか」「どんな高さに差し出したら」といった、自らのなかでは抱えきれないほどの自由度は残る。後は相手に委ねるのみだ。「どうなってしまうかわからないけれど」との思いで、手を差し出してみた。するとそれに合わせるように、相手も手を差し出してくれる。そのふるまいは、ロボット側のティッシュを差し出すポジション、それを手放すタイミングを制約してくれる。そのことで自らの行為の意味も少しずつ定まってくる。

このときロボットの動作があらかじめ作り込まれたものだったらどうか。無駄な自由度がなく、調整の余地や入り込む隙間は残されていない。ロボットの動きがどこか冷たく感じられるのはそのためだろう。それにかかわろうとする気になれないのだ。

先に紹介した〈ペラット〉のヨタヨタしたふるまいにも感じたように、〈アイ・ボーンズ〉も、どこかぎこちないけれど、なんだかかわいい、放っておけない気になる。それは抱えきれないほどの自由度をまわりに委ねようとしている仕草にも見えたからだろう。このような「かかわる余地を残したシステム」のふるまいに対して、思わず応えてしまう。

自分をわずかに外に開くことで、他者とのかかわりが生まれ、そのかかわりを重ねていくことで信頼を見いだしていく。この信頼関係をベースに「他者からの支えを予定しつつ、他者から予定されるような関係」を作り上げる。こうしたプロセスは、ロボットが「ソーシャルな存在」として進化していく上でとても大切なものだろう。他者という認知資源を上手に生かし、コストを抑えながら合目的な行為を遂行できるようになるための一つのステップなのである。

（3）促進行為場としてのおばあちゃんのふるまい

ティッシュを受け渡す場面について、人とロボットとがお互いに半ば委ね合うようにして、お互いの自由度を減じ合うプロセスとして描いてみた。実際のところは、人とロボットとの間には圧倒的な知覚能力の差があり、相互行為ループは対等な関係とはならない。人はロボットのふるまいを意味づけたり、背後にある意図をある程度は読めるけれども、ロボット側では自らの行為の意味を十分に把握できるわけではない。そのためにロボット自身は試行錯誤することさえままならないのだ。

人とロボットとが相互に調整しながら、そのポイントやタイミングを瞬時に合わせていくというよりも、ジャストなポイントやタイミングを人からの助けを借りながら導いてもらう感じに近い。ロボット側としては「自分だけでは決められない」ことを素直に受け入れ、人に判断を委ねるための余地をより多く残すことがポイントとなりそうだ。

それは、どのようなものとなるのか。本章の冒頭で紹介した、ひとりのおばあちゃんが近づいてきて、立ち止まってくれた場面に戻ってみたい。ようやく自律的に動きはじめた〈アイ・ボーンズ〉は、人が近づくのに合わせ、手をそっと差し出し、うまくいかないのがわかると残念そうに引っ込める。そんな姿をしばらく眺めていたおばあちゃんがロボットに近づき、ロボットの差し出す手の動きに合わせるようにして、ティッシュをうれしそうに受け取ってくれたのだ。

どんな距離であれば、ティッシュを受け渡し可能なのか。どんなタイミングでティッシュを手放せばいいのか。そんな判断のつかない、ちょっとぎこちない行為のなかから、おばあちゃんは適切なものを選び取ってあげようとする。こうした場面は、発達の初期段階にある乳幼児を取り囲んでいる能動的かつ支援的な「促進行為場（promoted action field）」の働きに相当するものだろう（Reed, 1996）。

ヒトの赤ちゃんは、あることを〈できる前にする〉という。「うぐー、うぐー」と言葉にならない声を出し、おぼつかない足取りのまま一歩を踏み出そうとする。こうした活動に取り組むことができるのは、だれかが見守ってくれており、いざというときに手を差し伸べてくれるという安心感があってのことだ。

街角に置かれた〈アイ・ボーンズ〉は、これととてもよく似た状況にある。相手の気持ちが読めないばかりか、自分の行動の意味でさえ、まだ十分に把握できていない。相手からの支えがあることを期待しながら、〈充たされざる意味〉を抱えたまま、行為を繰り出してみる。その行為に意味を見いだせるのは、そこで能動的かつ支援的に受け止めてくれる、おばあちゃんの存在があってのことなのである。

（4）手伝った方もまんざら悪い気はしない

こうして、〈アイ・ボーンズ〉のどこか安心しきったような、外に開いた姿勢に対して、それに応える能動的で支援的な他者のかかわりを筆者らは期待してみたのだ。では、そうしたロボットの姿勢に対して、なぜわたしたちは応えてしまうのだろう。

そのふるまいに、思わず自分の身体を重ねてしまう。あるいは、おばあちゃんには「その意味をなんとか満たそうとするふるまい」として映っていたのではないか。もう少し「社会的なもの」として捉えるなら、ロボット側の体面をつぶさないための配慮であり、これを無視して通り過ぎてしまうのも、品行を備えた者として失格なのではないかとの思いもありそうだ。この章のなかで、さまざまな側面から解釈を試みてきたことである。

こうした場面においても、「なぜ人はケアをするのか？」に対する佐伯胖の説明（佐伯、二〇一七）はとても興味深い。すなわち「すべての人——生まれてすぐの乳児から、終末期を迎える老人まで——は、だれかをケアしないではいられない存在である」、「〈自分をよく生かそうとする〉のではなく、〈自分以外のだれかをよく生かそう〉とするなかで、結果的に、（自分が）よく生きるということになるのだ」と。

目の前でぎこちなくティッシュを手渡そうとするロボットを目にして、「手助けしてあげられる者でありたい」と願い、この拙いロボットとのかかわりにおいて、「手助けしてあげられている者になれた」ことに対する満足感を覚える。このことが結果として〈自分がよく生きる〉ことの一部を支えてくれるというわけだ。

このことは〈ゴミ箱ロボット〉の世話をするなかで、子どもたちがどこか晴れ晴れとした表情をしていたことに重なるものだろう。他者の手助けができる者として、そのかかわりのなかで自らも新たに価値づけられるという、相互構成的な側面もあるのだ。

さて、本章もまとめに近づいてきたようである。ここまでは〈アイ・ボーンズ〉のバイオロジカルな側面、エコロジカルな側面、そしてティッシュを他者に手渡す行為を通して、ソーシャルな側面や社会的な相互行為の組織化の様相に焦点を合わせてきた。

では、このモジモジするばかりのロボットは工学や経済的合理性の観点では、どのように評価されるものなのだろう。「果たして使い物になるものなのか」、「このペースでは夕方までに終わらないのでは……」、「こんなことをしていて、コストは回収できるのだろうか」、「もう少し、効率のいい仕事はできないの?」などと心配する人もいることだろう。それなら、「もう少し腕の動作スピードをアップさせよう!」、「人を追いかけるカメラは、もっと広角で解像度のいいものに切り替えた方がいいのかも」といった懸念が生じるだろう。

〈アイ・ボーンズ〉は、そうした懸念を気にするふうでもなく、なんとも呑気な様子でティッシュくばりを続けている。ときどきだけれど、おばあちゃんや子どもたちに手助けされるようにして、ティッシュをうまい具合にくばることができる。ロボットなりに当初の目的をしっかり果たせているのだ。

これはこれでいいのではないか——と思う。そう効率性や利便性ばかりに目を向けなくても、こうしたかかわりを楽しむ余裕もわたしたちには必要なのではないだろうか。ときどき粗相をしてティッシュを落としてしまっても、人に拾ってもらえば、それですんでしまうようなことなのだ。

子どもたちやおばあちゃんの満足感や幸福感は、〈アイ・ボーンズ〉が事もなげにティッシュを受け渡すような技を備えていたのでは生まれないものだ。むしろ拙い、ぎこちないくらいの動きが子どもたちの新たな役割や強みを引き出していた。一方の〈アイ・ボーンズ〉も子どもたちに囲まれてこそ、ようやく街のなかにとけ込むことができた。そんなふうに思われるのである。

第4章 言葉足らずな発話が生み出すもの

1 言葉足らずな発話による会話連鎖の組織化

(1) なにしてあそんだの?

外から帰ってきたばかりなのだろうか。子どもがとてもうれしそうに、今日の楽しかった出来事をお母さんに伝えようとする。

「きょうね、いっぱいあそんだ!」(えっ、だれと?)

「そらちゃん」（へぇー、なにしてあそんだの？）
「おえかきした！」（あー、そうなんだ！）
「ひなちゃんもいっしょ」（へぇー、たのしかった？）
「うん」……

こうした発話に思わず心惹かれてしまう。ぽつり、ぽつりと、不完全で言葉足らずなところもあるけれど、まわりからの手助けや解釈を上手に引き出しながら、なんとかおしゃべりを続けてしまう。過不足なくしっかりと話せる子どもの発話とくらべても、この言葉足らずな発話でのやりとりが、むしろ豊かなコミュニケーションを生み出しているようなのだ（西脇ほか、二〇一九）。これはどうしてなのかと思う。

「きょうね、いっぱいあそんだ！」という発話は、「きょう楽しかったことを、ひとまず伝えておこう！」との思いが先走って、あるいは「その他のことは、適当に解釈してくれるだろう」との期待もあってのことか。この断片的な発話も、結果として相手に「半ば委ねる」、あるいは相手に「開いている」性質を伴うものだろう。

自らのなかで完結させずに、相手に開いた発話に、聞き手も思わず身を乗り出してしまう。つい引き込まれ、「だれとあそんだのか」「どんなことをしてあそんだのか」と矢継ぎ早に尋ねてしまう。そんな聞き手の関心や助け舟に支えられるようにして（串田、一九九九）、「そらちゃん（とあそんだ）」、

「おえかきした」といった情報が少しずつ引き出されていく。

「きょうはね、幼稚園でね、そらちゃん、ひなちゃんと、みんなでおえかきしてあそんだ。楽しかったよ！」と、今日の楽しかった出来事を一方的に伝えるはずの発話は、いつの間にか、聞き手との協働の作業となっている。話し手の伝えたい思いと聞き手の関心とが上手に絡まり合って、会話連鎖が組織されていく。話し手と聞き手との間で情報を伝え合うというより、話し手と聞き手との相互行為ループのなかで「ひとつのシステム」を作り上げ、今日の出来事や気持ちを共有し合うようなのだ。

こうして生まれてきた会話連鎖は「だれのものなのか」を考えてみてもおもしろい。それは半ば語り手である子どもの言葉であり、半ば聞き手からの支えによって生み出された言葉でもある。「自らの責任で、相手に情報をきちんと伝える」という観点からは、責任を半ば放棄しているようにも思えるけれど、ちょっとだけホッとしてしまう。すべてのことを自分のなかに抱え込まずに、相手にも責任の一端を負わせてしまうちゃっかりした側面もある。それにすべてのことを言葉にしなくても、なぜだか通じてしまうこともあって、ほんの少し「エコ」な気分も味わえるのである。

（2）言葉足らずな発話の背後にあるもの

このように他者に半ば委ねつつ、その支えのなかで上手に目的を果たしてしまう姿は、本書のなかで、ところどころに登場してきたものだろう。

街角でティッシュをくばろうとする〈アイ・ボーンズ〉も、手をわずかに差し出しつつ、半ば相手に委ねるようにして、人からの手助けを上手に引き出すものであった。子どもの言葉足らずな発話も、聞き手に上手に導かれるように、目的を果たしてしまうという意味では、ティッシュを手渡すよう場面とも重なるものだろう。

あるいは〈お掃除ロボット〉にとっての相手とは、それを取り囲んでいる部屋の壁やテーブルの脚であった。とりあえず前に進んでみる、そして部屋の壁にぶつかっては、その壁に背中を押されるようにして、新たな方向へと進みはじめる。部屋の壁の働きにも似て、子どもの発話にとっての聞き手（＝お母さん）は、発話が向かう対象であると同時に、それを制約し方向づけてもいる。

子どもはなにをいいたいのか、なにを伝えたいのかも、まだまとめきれずにいたのだ。とりあえず、「きょうね、いっぱいあそんだ！」と一番に伝えたいことを口にしてみる。そんな発話を受けて、お母さんからの「だれとあそんだの？」「えっ、なにしてあそんだの？」は、子どもの次の発話の一部を制約し方向づける。〈お掃除ロボット〉の制御の一部を「部屋の壁」が担っていたのと同様に、子どもの発話における選択行為の一部を担ってあげてもいる。

このことをベルンシュタインの指摘した「冗長な自由度を上手に切り盛りする」という観点に当てはめてもおもしろい。どこにフォーカスを絞って、どのような情報に言及したらいいのか。あるいは、どのような文体を選択し、言葉を並べたらいいものか。一つひとつの発話を繰り出す上でも、そこには膨大な選択肢（＝自由度）が存在する。言葉の意味についても、「きょうは、たのしかった！」という大まかなレベルから、「そらちゃんとおえかきして、楽しかった」と、もう少し掘り下げて、意味を絞り込んだレベルまである。一つひとつの言葉を選ぶ上でも、こうした膨大な自由度を上手に切り盛りし、減じていく必要がある。

このような見方をするなら、ぽつりぽつりと口にする、子どもの言葉足らずな発話は、どのような意味があるものなのか。「どう表現したらいいものか」と、自らのなかで抱えきれない自由度を伴ったまま聞き手に半ば委ねるようにして、自由度の一部を制約してもらう。こうして聞き手（＝社会的な環境）からの制約を利用しつつ、「だれとあそんだの？」「なにしてあそんだの？」という聞き手の多様な関心に対しても、柔軟に適応できてしまう。丁寧に準備され、あらかじめ作り込まれた発話（＝十分に自由度が減じられた発話）では、その意味を聞き手に一方的に押しつけるものとなる。くわえて聞き手なりの関心を置き去りにしてしまうことだろう。

相手の多様な関心に上手に適応していくために、発話にあえて冗長な自由度を持たせていたのか。それとも、自らでは冗長な自由度をまとめきれずに、それを聞き手に半ば委ねることにしたのか。どちらを本来の目的としていたのかの判断は、ここでは保留にしておくことにしよう。ただ「半ば相手に委ねてしまう」という方略は、お互いにとってメリットがあり、この場面ではとても有効に機能しているようなのである。

（3）知覚行為としての言葉足らずな発話

言葉足らずな発話を一種の知覚行為として捉えてみたらどうか。〈お掃除ロボット〉の進行動作とは、「移動する」役割だけでなく、部屋の壁にぶつかりながら、それは突き抜けられるものなのか、そうではないのかを判断し、同時に自らの推進能力の限界を把握するなど、自分自身の能力についても特定している。これと同じで、子どもたちの断片的な発話も自らの思いを一方的に伝えるための表現・伝達行為としてあるだけではない。

「あのね、きょうね……」といいつつ、その視線は聞き手であるお母さんの様子を探ろうとする。相手は、いまどんな状態にあるのか。自分の話を聞いてくれる余裕はあるのか。まず、オープニングのプロセスとして、相手はちゃんと聞き手になってくれるのかどうかを確かめようとする。あるいは、自分の声は忙しく台所仕事をしているお母さんに届くものなのか、こちらに振り向かせるだけの力を備えるものなのかを探っている。

「あのね、きょうね……」に続く、「いっぱいあそんだ！」も、今日の出来事を伝えるだけではなく、相手の関心を同時に探っている。また「いっぱいあそんだ！」という話題は、相手の関心を引き出せるようなものなのか、自らの発話の意味や価値を特定するための知覚行為でもあるだろう。

そもそも相手の関心がどこにあるのかは、事前には把握できない。だから相手の関心に沿って、事前に発話の内容を考えつくすことなどできない。ならば、すべてを「自分で！」という拘りを捨てて、はじめから相手の助けを借りてしまってはどうか。相手に発話を投げかけながら、相手の興味を部分的に探り、自らの発話の内容をリアルタイムに調整していく。これはとても理にかなった方法に思えるのである。

「他の人になにかを伝える際には、きちんとした言葉で、過不足なく！」と、そんな規範に拘ってきたところがある。その上で「きょうね、いっぱいあそんだよ……」などの表現を「言葉足らずな発話」と勝手に呼んでしまっていた。ただ、これはこれで、とても賢い発話方略に思える。結果として、必要最小限の認知的なコストで、相手の関心に合わせた情報を適切に提供するものとなっている。子どもなりに、「相手に適応したければ、作り込みを最小にして、多くを相手に委ねよ！」ということを素直に実践していたわけだ。

もっとも、こうして伝達の効率とか、認知的な負荷などに目を向けてしまうのも、わたしたちの悪い癖なのだ。子どもたちは言葉を選ぶときに、効率や負荷など、とくに意識しているわけではないだろう。

（4）言葉足らずな発話を支える促進行為場

言葉足らずな発話とは、子どもなりに賢い発話方略には違いない。けれど「きょうね、いっぱいあそんだ！」との発話は、だれに対しても使える表現ではない。お母さんからの「あー、そうなの。よかったね」という、しっかりとした支えを予定して繰り出されたものなのだ。「どうなってしまうかわからないけれど」「ちゃんと支えてくれる、きっとやさしく声をかけてくれるだろう」と、お母さんとの間にそんな信頼があってのことだろう。

地面からの支えを予定しながら一歩を踏み出すのと同じで、相手がちゃんと支えてくれないと発話の意味は宙に浮いてしまう。ティッシュを手渡そうとするも、相手が受け取ってくれなければ受け渡すことにならないように、本来は不確実さを伴うものだ。そんなリスクを避けるために、過不足のない発話を慎重に吟味する。「あのね、きょうね……」と小出しにしながら、その支えの確度を確かめていく。相手との信頼を欠いた状況にあっては、リスクを回避するためのコストが大きくなってしまう。しかし、安全基地でもある母親との間では、こうした備えは必要ないのだ。

それと、この言葉足らずな発話が求めているのは、もっと能動的かつ支援的な相手である。十分に整理できないまま、発話を相手に半ば委ねてみると、「それでどうしたの？」「だれと遊んだの？」と上手に誘導してくれる。

母親の立場からは、言葉足らずながら、なにかを懸命に伝えようとしている子どもの気持ちはよくわかる。こうした助け舟は、最近接発達領域（外部の支援があればできる物事の領域）の観点からは、一種の足場作りとしての役割を持つものだろう。ひとりではなかなかまとめきれなかったことが聞き手による足場作りによって、少しずつ内容が整理できていくこともあるはずだ。

あるいは、先にも紹介したように、リードの指摘した、能動的で支援的な「促進行為場」の働きを期待している面もある（リード、二〇〇〇）。子どもたちは、こうした「促進行為場」を上手に利用しながら、あるいは言葉足らずな発話によって「促進行為場」を上手に引き寄せながら、「すべてのことを言葉にしなくても、なぜだか通じてしまう」「深く考えることなく、相手に促されるまま……」といった、豊かでかつ省力的なコミュニケーションを実現していたのである。

(5)「二人称的なかかわり」を志向した会話

もう一つ興味深いのは、子どもはなにかを懸命に伝えようとするだけではなく、お母さんを巻き込むように、手助けを引き出しながら発話を作り上げようとすることだ。

子どもの気持ちは正確には読めないけれど、「なにかを伝えたかった」のではなく、「とりあえず、だれかとかかわりたかった。相手と気持ちを共有したかった」ということもある。「へぇー、たのしかった？」「うん！」と、だれと遊んだのか、どこで遊んだのか、どんなことをして遊んだのかは、状況を説明するための二次的な事柄に過ぎない。むしろ相手の関心を引き寄せて、〈ひとつのシステム〉を作り上げる。そこで一緒に気持ちを共有し合う。そのためには「きょうね、いっぱいあそんだよ」といった、言葉足らずな語りかけで十分だったのだろう。

母親も、子どもの発話を補っていくなかで、思いを一つにして一緒に作り上げていく。これは「共構築的な発話」、あるいは水谷信子らにより「共話」と呼ばれてきたもの（水谷、一九九三）で、情報伝達を志向するレポートトークではなく、共感やつながりを志向するラポールトークの様相を帯びてくるのだ。

こうしたラポールトークを生み出す上でも、子どもの半ば委ねたような、外に開いたような発話が重要な役割を果たしている。すなわち、子どもの言葉足らずな発話は、聞き手に解釈に参加する余地をも与えている。「きょうね、いっぱいあそんだ！」という発話やうれしそうな表情を手掛かりに、お母さんは「あっ、たのしいことがあったんだな……」と、子どもの経験した出来事に想像をめぐらす。「だれと遊んでいたのだろう」「どんなことをして遊んでいたのか」「どうして楽しかったのか」など、いわゆる「共感的なかかわり」を呼び込んでいるのだ。

ここでも佐伯胖の言葉を借りるなら、「共感とは、まず自分自身を「からっぽ」にして、そっくり丸ごと、相手のなかに入ってしまうことだ」。さらに「共感的なかかわり」を「二人称的なかかわり（second-person engagement）」と言い換えて、「特定の相手とかかわるとき、相手の立場や状況を踏まえて、相手に「なって」、こちらに向けて訴えていることを聞き入り、その訴えに応えようとしてかかわること」と説明する（佐伯、二〇一七）。

本章の冒頭にある、「きょうね、いっぱいあそんだ！」（えっ、だれと？）、「そらちゃん」（へぇー、なにしてあそんだの？）というやり取りを捉え直すならば、子どもは「二人称的に」かかわろうとし、母親にも「二人称的に」かかわってくれるように求めていたとも考えられるのである。

2 日常的な会話に対する構成論的なアプローチ

（1）雑談を生み出す試みのなかから

日常でのなにげない会話、つまり雑談とはどのようなものなのか。それをただ分析していくのではなく、雑談のような現象を生み出しながら、背後にある原理を探れないだろうか。筆者らが「会話現象に対する構成論的なアプローチ」に興味を持ちはじめたのは、二五年以上も前のことである（岡田、二〇一二）。

当時、Siriなどの音声対話インタフェースの基盤技術を支える音声言語処理（spoken language processing）の分野では、自然な発話（spontaneous speech）に含まれる言い直しや言い淀みなどの非流暢な発話（disfluencies）に手を焼いていた（岡田、一九九二）。

この非流暢な発話の産出プロセスが気になっていた頃に、「人工生命（artificial life）」の研究拠点の一つでもあった国際電気通信基礎技術研究所（ATR）に異動する機会があり、そこで「非流暢な発話や会話の現象を事後的に分析するよりも、むしろ一緒に生み出しながら、その背後にある原理を探ってはどうか」というアイディアがふと浮かんできた。

「仮想世界のなかでクリーチャたちが勝手におしゃべりをはじめたら、どのような話題を展開していくものなのか」、あるいは「会話のなかの相互行為秩序をマルチエージェントの創発現象として捉えられないか」と、そんな思いで作り上げたのが、シンプルな目玉の姿をした三つの仮想的なクリーチャから構成される〈トーキング・アイ（Talking Eye）〉（図1）というシステムである（岡田、一九九七）。

そもそも雑談を生み出す原理がわかっていないのだから、「雑談的なもの」を作りようがない。そうしたジレンマを抱えつつも、試行錯誤のなかで気づいたのは、「個々の発話の意味が明確であるほど、いわゆる雑談らしさからは遠のいてしまう」ことである。明確な発話意図を持たせ、クリーチャ同士で会話させようとすると、それぞれが質問やコメントをぶつけ合うだけで、どうも調子が出ない。

図1　仮想的なクリーチャ〈トーキング・アイ〉
「あのなぁ」「なんやなんや」「あれ，しっている？」「えっ，それって，なんや」「しらんわ，そんな」……と，仮想的な世界でなにげないおしゃべりを続けようとする（1997年頃）．

そこで発話の意味をそぎ落としてみると、ようやくお互いに委ね合うような柔らかな会話が生まれてきたのである。

このことをどのように説明したらいいだろう。わたしたちが手掛かりとしたのは、二足歩行ロボットの「静歩行モード」と「動歩行モード」のアナロジーである。

ホンダの〈アシモ〉に代表されるように、いまではロボットの歩行モードといえば「動歩行」のイメージが定着している。けれども、かつてのロボットの歩き方はもっとぎこちない「静歩行」によるもので、ちょうど薄氷の上を歩くようなものだった。片足に重心をしっかり置いたまま、もう片方の足を前方にそーっと進める。そこで氷が割れないことを確認しながら、重心を片方の足底に移していく。このように地面に対する信頼を欠いた状態にあっては、リスクに備えようとして高コストになる上、どこかぎこちないのである。

一方の〈アシモ〉などで実現された「動歩行モード」

では、歩行という行為を自らのなかに閉じることなく、地面に倒れ込むようにして、地面からの反力を受けながらダイナミックにバランスを保とうとする。すなわち地面に対して、自分の身体を半ば預けるように、一緒に〈ひとつのシステム〉を作ることでしなやかな歩行を実現している。

わたしたちはなにげなく一歩を踏み出すときに、その意味を一つひとつ考えることをしない。どうなってしまうかわからないけれど（たぶん、地面がしっかりと支えてくれるだろうとの期待のもとで）、自分の身体を地面に委ねている。「一歩」の意味は、地面からの支えのなかで事後的に立ち現れるようだ。

日常での挨拶場面などを考えてみても、発話者の内なる視点から発話や行為を繰り出す際には、「挨拶」としての意味や価値は不定なままであり、相手からの支え（＝グラウンディング）により、事後的にその意味が立ち現れるようなのである。

（2）内的説得力のある言葉

こうした折に出会ったのが、ミハイル・バフチンの「対話性」や「内的説得力のある言葉（internally persuasive discourse）」の概念である（バフチン、一九九六）。

バフチンによれば、「〈声〉は社会的な環境の中でのみ存在する。〈声〉は他の〈声〉からまったく切り離されて存在することはない」、あるいは「発話の意味は、話し手の〈声〉に対して、聞き手の〈声〉が応答しているときだけ成立する」という。このことはターヴェイが「動作は真空中に生じるのではなく、いつも文脈の中で生じるのであり、いつも環境が提示した「問題」の「解決」として理解できる」と言及していたことに通じるものだ（ベルンシュタイン、二〇〇三）。

また、「生きた言葉や発話の理解はどれも、能動的な返答の性格を持つ。どのような理解も応答をはらみ、なんらかの形でかならず応答を生みだす」との指摘も印象的である（バフチン、二〇〇二）。先の「動歩行」のアナロジーでいえば、地面からの静的な支えだけではなく、地面からの押し返し（＝反力）のなかで生まれるダイナミックなバランスに相当するものだろう。また、リードの「促進行為場」の議論に当てはめるなら、ポイントは能動的かつ支援的な環境というところだろうか。

子どもからの「きょうね、いっぱいあそんだ！」に対する応答は、「あっ、そうなの」という受動的なものではない。「えっ、だれと？」と、子どもたちの「生きた言葉の理解」に向けて、能動的に押し返すことで、意味を精緻なものにしていこうとする。それを受けて、子どもも「そらちゃん！」と応え、その発話をまた能動的かつ支援的に押し返すのだ。このような様相は〈アシモ〉のダイナミックな動歩行モードとちょうど重なるのである。

この「静歩行モード」と「動歩行モード」のアナロジーについては、バフチンのいう「権威的な言葉（authoritative discourse）」と「内的説得力のある言葉」に対応づけてもおもしろい。「権威的な言葉が我々に要求するのは、承認と受容である」（バフチン、一九九六）のように、上司から部下に対する「これをコピーしておいてください！」という発話は意味が自己完結しており、それを受け入れるのか、拒否するのかの二択しか残されていない。受け手との間で調整する余地を残しておらず、強い言葉、一方的に押しつけられた言葉となりやすい。まさに「権威的な言葉」と呼ばれるゆえんだろう。

スマートスピーカーに対する「きょうの天気は？」という語りかけも、「きょうの天気は晴れ、最高気温は二八度です！」という応答も、それを受け入れるか無視するかのみで、話し手と聞き手との間で調整する余地を残していない。どこか冷たく、事務的にも感じられ、家庭のなかではそぐわないものとなってしまう。

一方、「内的説得力のある言葉は、自己の言葉と密接に絡み合う。半ば自己の、半ば他者の言葉である」（バフチン、一九九六）。また「内的説得力のある言葉の意味構造は完結したものではなく、開かれたものである」と。その意味は作り込まれておらず、半ば聞き手に委ねつつ、一緒に意味を生み出す。あるいは聞き手に解釈や調整の余地を残したものなのだろう。一方的に発話の意味を押しつけることがない、むしろ聞き手とともに〈ひとつのシステム〉のなかで生み出すもので、納得感を伴い、説得力も高まるのだ。

スマートスピーカーとのインタラクションに代表されるように、人とロボットとの言語的なコミュニケーションでは、その意味の曖昧さを避けて、正確に伝えることを志向しており、バフチンのいう「権威的な言葉」に偏ってしまうところがある。これを「雑談的なもの」「対話的なもの」に近づけていくためには、ロボットの歩行モードでいえば「静歩行」から「動歩行」に移行したようなパラダイムシフトを必要とするのである。

ここで一つのヒントになるのは、ユーリ・ロトマンの「発話・テキストの機能的二重性」という捉え方だろう。これは「権威的な言葉」と「内的説得力のある言葉」のどちらかを選ぶのではなく、発話やテキストのなかに複数の機能の存在を認めようとするものである。ロトマンの指摘によれば、個々の発話やテキストは、「伝達的な機能」と「意味の生成機能」の二つの機能を同居させており、どちらを優位なものとするかにより、発話やテキストの性質が変化するのだという（ワーチ、二〇〇四）。

自己完結した、意味の明確な発話を相手に届けようとすると、「伝達的な機能」の勝ったフォーマルな会話となってしまう。話し手と聞き手との間に距離が生まれ、その関係は非対称なものとなりやすい。スマートスピーカーとのインタラクションでも、こちらの明確な問いかけに対して、意味を正確に解釈し、必要な情報を過不足ない発話で返してくれる。「伝達的な機能」としては十分なのだけれど、どうもよそよそしく感じてしまう。なかなか雑談のような雰囲気になってくれない。

一方で、雑談らしさを生み出している「対話機能」や「意味の生成機能」だけでも、どうも捉えどころのないものになってしまう。そのバランスが大切なのだろう。

（3）シンプルなデザインから生まれるもの

バフチンのいう「内的説得力を持つ言葉」になんとか迫れないものか。しばらくは〈トーキング・アイ〉を使って、発話の意味をそぎ落とす試みを続けてみた。けれども、その限界も感じるようになった。

クリーチャ同士のかかわりでは、それなりのリアリティを生み出すところまできたけれど、スクリーンの外からかかわろうとしても、どうもつながりを感じにくい。スクリーンのなかの〈トーキング・アイ〉からの「助けて!」の叫びに、わたしたちが揺り動かされることはない。「その対象に自分の身体を思わず重ねてしまう」とか、「相手の志向を自分に住まわせよう」という感じにならない。そうしたこともあり、コミュニケーションにおける「身体」や「身体性」が気になりはじめた。「とりあえずは、ロボットを作りながら、身体の役割について考えてみてはどうか」というわけだ(岡田ほか、二〇〇一)。

こうした経緯から、二〇〇〇年に実体を備えたクリーチャ(=仮想的な生き物)〈む～〉が生まれてきた(図2)。先に紹介している〈ゴミ箱ロボット〉や〈ペラット〉、そして〈アイ・ボーンズ〉などは、この後に生まれたものである(岡田、二〇一七)。

ティッシュを手渡そうとする〈アイ・ボーンズ〉とは違い、テーブルに置かれて、わたしたちとソーシャルな水準でかかわる際には、手や足などの体肢は必須のものではない。とりあえず必要なのは、生き物らしいふるまい、「どこに注意を向けているのか」という志向性の表示、うなずきや否定表現などの社会的表示、身体配置や対人距離の調整くらいだろう。

これらの制約条件を踏まえてデザインされたのが、「目玉のような」そして「乳児のような」、とてもシンプルな〈む～〉である。大きな目が顔の真ん中にあって、頬が丸くて、ヨタヨタしている。そして体表が柔らかい。これらの特徴は、動物の赤ちゃんが周囲からの養育行動を引き出すために進化

図2　物理的な実体を備えたクリーチャ〈む～〉
大きな目が顔の真ん中にあり，頬が丸くて，ヨタヨタしている．そして体表が柔らかい．これらの特徴は，コンラート・ローレンツの整理した「幼児図式」そのものである．

的に獲得した「かわいらしさ」であり、動物行動学者のコンラート・ローレンツの整理した「幼児図式」そのものである。

ただの目玉の姿をしているにもかかわらず、どこか幼児らしさも感じてしまう。そして、これも偶然の産物によるけれど、〈む～〉の内部に仕組まれたスプリングにより、キョロキョロと目玉が動くたびに、身体全体もプルルンと動く。まわりからの継続的なかかわりを引き出す上では、「生き物らしさ」や「かわいらしさ」も重要なポイントとなるのだ。

一方でシンプルにデザインされた〈む～〉は、そこにポツンと置かれたままでは、それほど魅力的なものに映らない。けれども子どもたちの語りかけに対して、〈む～〉はわずかに視線を向けるようにして、喃語のような「むー、むっむー」と応答する。そんな随伴的なふるまいに、子どもたちの表情も和らぐ。「あれっ、いまなんていった？　なにか困っているの……」と、子どもたちの新たな解釈や積極的なかかわりを引き出すのである。

先ほどの「二人称的なかかわり」の議論に当てはめるなら、〈む～〉とかかわるときに、子どもたちは「相手の状況を踏まえて、相手に「なって」、相手が訴えていることに聞き入り、それに応えようとかかわっている」のだ。そんな子どもたちとのかかわりのなかで、〈む～〉も豊かな表情を帯びてくる。やはり子どもたちに囲まれてこそ、なのである。

ソーシャルなロボットには、もっと豊かな表情が必要なのではないかと、本物のヒトと見間違えるようなアンドロイドロボットも開発されている。けれども〈む～〉のようなシンプルなロボットも捨てがたい。このデザインがいまだに新鮮に思えるのは、周囲とのかかわりのなかで、新たな表情を見せるためである。

これはバフチンのいう「内的説得力のある言葉」とも対応するものだろう。これまで「引き算としてのデザイン」と呼んできたもの（岡田ほか、二〇〇五）だけれど、他者からの積極的な解釈を引き出し、周囲とのかかわりを味方にしながらオリジナルな表情を生み出す上では、ロボットのデザインや意味を一方的に押しつけるのではなく、まわりに解釈を委ねることから生まれる「対話性」も必要なのである。

3　今日のニュースをどう伝えるか

(1) 〈む～〉たちのニュースをネタにしたおしゃべり

残念なことに、机の上にポツンと置かれたロボットにとって、今日の楽しかった思い出などあろうはずもない。「あなたは、コミュニケーションロボットなのだから」と期待されても、ロボットにとってはなかなか困ったことなのだ。「おはよう!」「こんにちは!」「げんき?」とひと通りの挨拶をすませると、次の話題を探すのさえ、とても苦労してしまう。コミュニケーションロボットの多くは、この壁をなかなか越えられずにいるのだ(以下、H=人、R=ロボット)。

H「おはよう!」　R「おはようございます!」
H「いま、何時かな?」　R「あと、少しで一二時です!」
H「ちょっと暑くない?」　R「ただいまの室温は二八度です!」
H「……」

というわけで、しばらくは時計代わりや温度計の役割を果たすも、次第にかかわりをなくしていく。部屋の温度を知りたくて話しかけたわけでもないのだ。いつの間にか、置時計ならぬ、リビングのちょっとした飾り物になってしまう。

「じゃ、どうしたらいい？」との問いに、すぐに妙案が浮かぶわけでもないけれど、こうした事態は、コミュニケーション研究としては、とてもおもしろい。「ロボットに、なにを求めて語りかけようとするのか」「そもそも、わたしたちが人に話しかけようとするのはどうしてなのか」、すぐに答えにたどり着けそうもないけれど、折に触れて考えたいテーマである。

筆者らのラボで、〈む～〉などを利用して試みてきたのは、巷のニュースや昔ばなしを話題とした、人とロボットとのインタラクションデザインである。深層学習技術を駆使しても、ロボットたちがニュースの意味するところを詳しく理解できているとは思えない。ただ、仮想世界での架空の話よりも、実世界で起こっている出来事、あるいはだれでも知っている物語を利用すれば、どこかつながりを持てそうに思うのだ。

〈む～〉たちが今日のニュースをネタにおしゃべりをしていたらどうだろう。

R「あすは、台風が、発達しながら、ゆっくり北上するんだって、しってた？」

H「へー、そうなんだぁ……」

これは「明日、台風が発達しながらゆっくり北上する」という情報を引用して、だれかに伝えようとするもので、その情報の意味を正確に把握できているわけではない。それでも聞き手に姿勢や視線を向けて、その内容を語っている。

それだけにもかかわらず、「ロボットは、そのニュースの存在について知っており、だれかにそれを伝えたい意思がある」ことは理解されそうだ。その情報をどう捉えるのかは、相手にすべて委ねてしまうのである。「じゃ、ちょっとテレビをつけて、ニュースを確認してみようかな」、あるいは「えっ、ほんと？　それからどうなるの？」といった関心や具体的な行動を引き出せるかもしれない。実世界で生じたニュースを媒介として、わたしたちと〈む〜〉はちょっとしたつながりを持つことになるのである。

（2）相手の目を気にしながら語りかけてみる

もう少し聞き手の存在を意識してみたらどうか。とりあえず「あのね、えっと、きょうね、いっぱいあそんだよ！」という、子どもたちの発話様式を参考にしてみたい。

子どもたちのまなざしや姿勢にくわえ、一つひとつの発話片もお母さんに向けられている。発話の冒頭にある「あのね」「えっと」などは、「発話開始要素（turn initials）」と呼ばれるものだ。「どうなってしまうかわからないけれど」という気持ちで、発話を相手に委ねてみる。そして相手の視線がこちらに向けられるのを確認しながら、「えっと……」と発話を整えようとする。どこかモジモジしているように思われるけれど、相手の様子をうかがいながら、オープニングのための手掛かりやタイミングを探している状態といえる。まだ聞き手から支えられていない不定な状態をなんとか解消しようとするのだ。

それに続く、「きょうね」「ひなちゃんとね」など、発話片に添えられる終助詞は、話し手のスタンスを示すモダリティとして機能するもので、「あなたに向けられた発話ですよ」という宛名性を伴い、「ちゃんと聞いてる?」と確認を求めている。相手を聞き手として、引きずり込もうとする。〈む〜〉たちとの会話ではどうだろう。

R「あのね、あすはね、台風がね、ゆっくりね、北上するんだって、しってた?」

〈む〜〉は、聞き手に姿勢や視線を向ける。しつこい感じもあるけれど、「よそ見をせず、ちゃんと聞いてね」とばかり、一つひとつの発話に「あなたに向けて話しているんですよ」という宛名性を添えている。「あのね」「あすはね」と相手に小さく委ねながら、視線やうなずきにより支えてもらう。丁寧に地面からの支えを確認しながら歩くようなものだろう。こうした工夫によって、スマートスピーカーの発話などにあった淡々とした感じは薄れてくる。

これに聞き手の状態を反映させてもおもしろい。話し手や聞き手の顔の向き、表情、視線の動きなどをリアルタイムに捉える技術(=社会的シグナルプロセッシング)の進展もあり、〈む〜〉などが発話を行う際に、聞き手の視線の動きを利用することも容易になってきた。

相手の視線が外れていたら、〈む〜〉の発話(=音声合成)を途中で停止し、聞き手としての準備が整い、その視線が戻ってきたら発話を再開する、あるいは発話し直す（Goodwin, 1981）。これらの発話休止（filled pause）とか、リスタート（restart）と呼ばれるふるまいは、結果として「あなたをちゃんと意識して話しているんですよ！」という宛名性の表示となる。と同時に、自らの発話や行為は「相手を振り向かせるだけの力を備えるものか」を特定するための知覚行為となっているのだ。

本書のなかでの議論に沿えば、「部屋の壁にぶつかったら体勢を立て直す」方略、つまり〈お掃除ロボット〉の制御の一部を壁に担ってもらうようなものだ。〈む〜〉側の発話のタイミングを半ば聞き手側に委ねており、相手の状態変化に適応しつつ、同時に自由度の一部を減じてもらう。話し手と聞き手とのカップリングのなせる技だろう。

（3）言い淀みやフィラーを添えてみたらどうか

発話休止の間に、「えーと」「あのー」などのフィラーを添えたらどうだろう。いずれも発話のタイミングを整えたり、「いま発話を用意してますよ、まだ続くんですよ」という話し手の状態を表示するもの、相手の視線や関心を取り戻そうと発せられるものだ。〈む〜〉では、川田らの議論（川田、二〇一〇）を参考に、「えーと」は自分を指向したフィラー、「あのー」は聞き手を指向したフィラーとして使い分けるようにしている。

R「あのね、えーと、あすはね、台風、あのー、台風がね、ゆっくりね、えっとー、北上するんだって」

言い淀みや言い直し、発話休止を含んだ非流暢なものとなる。「いま発話を整理したり、タイミングを計るための手掛かりを探してるんですよ」と、ロボットが自分の状態を他の人が理解できるためにディスプレーしているようでもある。

ティッシュを差し出そうとする〈アイ・ボーンズ〉の仕草にも、どこか似たところがある。大人であれば、なにも気にせずに一気に話を進めるところを、子どもはそうはいかない。「どのタイミングで発話を続けるのか、自分のなかでは決められない」ので、発話の途中にあっても「あのー、台風がね、ゆっくりね、えっとー」といいつつ、相手を巻き込むことを忘れないのだ。

こうした試みを進めるなかで、いくつか見逃せない特徴も見えてきた（Ohshima, et al., 2014）。「非流暢な発話なのだから、聞きにくいのではないか」と考えていたけれど、それはあまり気にならない。〈む～〉からの発話として聞いてみると、なんとか情報を届けたくて懸命に語ろうとする気持ちが伝わってくる。こちらの状態に配慮してタイミングを調整しているためか、〈む～〉のやさしさのようなものも感じるのだ。

「聞き手に対して、ちゃんと台風の情報を伝える」ために、さまざまな手段を駆使して、なんとか実現しようとしている。これはリードが「機能特定的（functional specific）な行為」（リード、二〇〇〇）と呼んだことに当てはまるだろう。

聞き手に対して発話片を繰り出しながら、相手の状態を特定しつつ、自らの行為を調整している。この微視的に発話を組織していく際の行為 - 知覚サイクルのプロセスの一部がぎこちなさや非流暢なふるまいとなって現れる。リードは「マイクロスリップ（micro slip）」と呼び、その行為に「意識」を感じたように、〈む〜〉のふるまいに対して、わたしたちは「志向的な構え」を取ってしまうようなのだ。

一方で「あすは、台風が、発達しながら、ゆっくり北上します」といった淡々とした発話は、表層的には流暢なものだけれど、どこか原稿を読んでいるようで、話し手の思いが伝わってこない。情報を一方的に押しつけるだけで、聞き手側に解釈に参加する余地が残されておらず、聞き手を置いてきぼりにしてしまうのだ。

これは「あらかじめ作り込まれたロボットの動作」にも感じた、リードのいう「機械特定的（mechanically specific）な行為」であって、その発話に対して「設計的な構え（design stance）」を取ってしまう。メッセージとしても「権威的な言葉」となっており、聞き手との間で折り合う余地を持たない。機械的で、冷たく感じてしまうのだ。

いつもまわりからの支えを得ようともがいている。ドキドキしながらも、まわりにアクセスし続ける。これは生き物の姿でもある。「わたしたちの発話（声）は他の声からまったく切り離されて存在することはない」との指摘にあるように、発話（声）も他の生き物のように、まわりとの動的なカップリング（＝ひとつのシステム）を作ろうとしているようなのだ。

相手の目を気にしてオドオドとしながら語りかけようとする〈む～〉に、つい「生き物らしさ」やソーシャルな性質を感じてしまう。思わず自分の身体を重ねようとしてしまうのだ。

くわえて「言語のなかの言葉は、半ば他者の言葉である」という。スマートスピーカーや合成音声システムにとっての「テキスト」や「スクリプト」も、まだ他者の言葉なのだろう。「それが〈自分の〉言葉となるのは、話し手がその言葉のなかに自分の志向とアクセントを住まわせ、言葉を支配し、言葉を自己の意味と表現の志向性に吸収したときである」（バフチン、一九九六）と。ロボットからの発話は、まだまだその途上にある。

(4) 言葉足らずな発話ではどうか

〈む～〉の発話が言葉足らずなものだったらどうか。これは「あのー、えーっと」といった、人と〈む～〉とのかかわりにおける会話のオープニング場面の研究を進める過程で、筆者らのラボの学生から生まれてきたアイディアである（西脇ほか、二〇一九）。

R「えーと、あのね、台風が来るんだって！」

〈む～〉からの断片的な情報に対して、思わず　H「えっ、それはいつ？」と返してしまう。それに対する〈む～〉の「あした、台風が来るんだって！　知ってた？」という得意げな語りに対して、

H「えっ、どのあたりに来るの?」と、また問い返してしまう。R「あすはね、発達しながら、北上するんだって!」、H「へー、そうなんだ!」と。

ロボットからの発話に引き込まれ、「えっ、それはいつ?」とかかわってしまう。思わず揺り動かされてしまう。これはスクリーンのなかの〈トーキング・アイ〉からの「助けて!」の叫びには感じなかったものだ。くわえて、「えっ、それはいつ?」との問いに、「あした、来るんだって!」とテンポよく返される。こちらの志向を向けると、それをしっかり受けて、こちらに志向を向け返す。そこにちゃんとつながりを感じてしまう。

ヘッドラインのニュースを、ただ小出しにしているだけではないかといった見方もできるだろう。しかし、相手の興味や関心を推し量りながら、すべての情報を提供するのは現実的なものではない。「聞き手の関心にうまく適応したければ、作り込みを最小にせよ。多くは聞き手に委ねよ!」と、情報を小出しにしながら、聞き手側の「えっ、それはいつ?」という関心に上手に応えてくれた格好になるのである。

ここでも〈む〜〉からの「あのね、台風が来るんだって!」との発話は、だれに対しても使えるものではない。聞き手に対する信頼があって、その支えを予定して繰り出されたものだ。聞き手も「それに応えなければ」という気になる。「へー、そうなんだ!」との発話によって、ロボットからの発話をグラウンディングしつつ、今度は〈む〜〉からの支えを予定しつつ、「それはいつのことか」「どこに来るのか」と発話を繰り出すのだ。

相手の支えを予定しつつ、同時に相手からも予定される。このような支え合いを重ねるなかで、お互いのかかわりや信頼を深めていく。同時に、〈む～〉も、聞き手の能動的かつ支援的な支えを得て、「あした、台風が来るんだよ」「発達しながら、北上するんだよ」と発話の内容を漸次的に精緻化することができる。どんな順序で情報を並べればいいのか、どこまでの情報を伝えるべきか。聞き手を味方にしながら、言葉を並べるわけだから、それらを深く考えずにすんでしまう。

「相手はどこまで知っているのか、なにを知りたいのか」といった情報がないと、どんな情報を伝えるべきなのかの判断も容易なことではない。内容を把握せずに、ニュースをただながながと読んでいるだけなのがバレてしまう。相手の知っていることを説明していては、「あなたはまだ知らないだろうけれど」と言外のことまで伝えてしまうのだ。

言葉足らずな発話のもう一つの特徴は、聞き手に解釈の多くを委ねており、想像力の多くを借りていることだ。「台風が来るんだよ！」といった手掛かりがあれば、「あっ、また台風が発生したのか」「ここしばらくは警戒が必要なのかな」と、その人なりに多くのことを補完できてしまう。はじめから解釈する自由度を残しておき、聞き手の想像力を借りてその自由度を減じてもらうのだ。聞き手には、一つの手掛かりを提供しているだけであり、押しつけているわけではない。その情報を気にしても無視してもよい。この選択肢の存在はとても役立つものだろう。

また〈む～〉には明確な意図はないのだけれど、情報をどう判断するかを相手に半ば委ね、責任の一部を負わせているところがある。ロボット側はまだ自らの価値観を持てないのだから、この方法はとても妥当なものに思える。ロボット側の拙い判断で人を振り回してしまうこともない。

では言葉足らずな発話を駆使する〈む～〉の内部では、どのようなことが行われているのか。基本的には、オリジナルなニュースソースをネットワーク上のヘッドラインなどから拾ってくるだけだ。「明日、台風が発達しながらゆっくり北上する」というニューステキストを手に入れ、形態素解析システムで形態素に分解し、さらに格フレーム辞書を用いた格解析を行い（河原・黒橋、二〇〇七）、「明日」「台風が発達する」「台風が北上する」などの格要素を把握しておくわけである。

まず「あのね、台風が来るんだって！」と、とりあえず伝えておきたいことを発話してみる。後は佐伯胖の言葉に従い、「自分自身を「からっぽ」にして、そっくり丸ごと相手のなかに入ってしまう」のだ。つまり相手の志向を自らのなかに住まわせるようにして、相手に伝えるべき内容を相手の手を借りながら、一緒に作り上げていく。

このプロセスも結果として機能特定的なものとなり、聞き手の手助けを借りながら、なんとかニュースの内容を伝えようとする「意識」を感じてしまう。この対話的なやりとりは十分に調整の余地を含んでおり、〈む～〉の言葉足らずな発話から漸次的に構成された情報を聞き手は納得感をもって受け入れることができる。「不完結な言葉は内的説得力を持つ」といわれるゆえんだろう。

（5）多人数会話の場への展開

〈む～〉の言葉足らずな発話を介した会話は、聞き手の関心を引き込みながら、聞き手を味方にして一緒に作り上げていくものであった。まわりの手助けを上手に引き出しながら、一緒にゴミを拾い集めてしまうロボット、あるいはティッシュをくばろうとするロボットなどの行為方略にも通じるものだろう。

このようなインタラクションの多くは、それを取り囲んでいる人からの支えにより成り立つことから、実際の場面で考えると、まわりの人に過度な負担を強いてしまうことになる。「あのね、あのね、えっとね、台風が来るんだってよ！」と、いつも〈む〜〉につきまとわれていては、うっとうしいことだろう。

〈む〜〉の場合に限らず、一般的な会話連鎖の組織化においても、相手からの語りかけに応答しなければ、会話の場はすぐに壊れてしまう。応答責任のようなもので、聞き手の行動を制約してしまう側面があるのだ。

こうした強制感を回避するために、〈トーキング・アイ〉の研究以来、筆者らが着目してきたのは、三つのクリーチャ（＝ロボット）でベースとなる会話の場を構成し、そこに人は聞き手や話し手、傍観者として自由に参加する多人数会話のスタイル（前掲、図２）である（吉池ほか、二〇一二）。〈む〜〉たちの生み出す多人数会話とは、次のようなものである。

R１「あのね」、R２「えっ、どうした？」、
R１「えーと、あすはね」、R２「あした？」、

R1「あしたね、台風がね」、R2「えっ？　台風が来るの？」、
R1「そうそう」、R3「へぇー、そうなんだ」、R3「どこに？」
R1「えっとね、北上するんだって」、R3「へぇー、そうなんだ」

最初の「あのね」は、まわりのだれかに語りかけようとする発話開始要素であり、だれかの支えを予定して繰り出されたものである。この外に開かれた発話に対して、他の〈む～〉が「えっ、どうした？」と応えてくれる。聞き手を得た〈む～〉は、すかさず「えーと、あすはね」と話を続け、それに対して他の〈む～〉は「あした？」と言葉を重ねるように関心を示す。あるいは「あしたね、台風がね」に対して、「えっ？　台風が来るの？」と言葉の一部をつないでいく。

まわりを信頼して発話を繰り出してみる（＝投機的なふるまい）と、それに応えなければと、まわりにいた〈む～〉たちがなんとか支える（＝グラウンディング）格好になっている（岡田、二〇一二）。これだけにもかかわらず、〈む～〉たちの仲のよい感じとか、つながり合った感じが伝わってくる。バフチンが「発話の意味は、話し手の声に対して、聞き手の声が応答しているときだけ成立する」と述べたように、〈む～〉たちの間で発話の意味を支え合っているように感じられるのだ。

ここでも言葉足らずな発話であることが効果的に機能しているように思われる。〈む～〉からの言葉足らずな発話がまわりの〈む～〉の手助けや補完を引き出し、一つの話題に対して三つの〈む～〉たちが志向を向け合い、一緒に発話を構築しようとする。〈ひとつのシステム〉を作り上げていると

いう感覚でいえば、お互いに制約し合いながら、発話の意味の自由度を減じ合い、発話の意味を精緻化し合うともいえるのだ。

第1章の〈お掃除ロボット〉のふるまいにおいて、「どのような環境に囲まれているのか、そこでどんなリソースを利用するのかにより、ロボットの挙動やその動きに対するわたしたちの構えも変化する」ことを指摘した。お母さんといった支援的な聞き手のリソースを上手に利用して、懸命になにかを伝えようとする子どもの姿、他の〈む〜〉たちに囲まれながら一緒に会話を構成しようとする〈む〜〉の姿も同様だろう。

〈む〜〉がポツンとしているときとは違って、とても生き生きとしており、表情も豊かに感じる。どこか放っておけない気持ちになり、彼（彼女）らのおしゃべりに思わず聞き耳を立ててしまう。そんなわけで、会話に積極的に参加していなくとも、会話の内容はちゃんと届いてしまう。これは「オープンコミュニケーション」と呼ばれているものである。

それと〈む〜〉たちによって構成される会話の場は、〈む〜〉たちだけで閉じているわけではない。〈む〜〉からの言葉足らずな発話に対して、他の〈む〜〉と一緒に、人も加わって能動的かつ支援的にかかわることができる。「えっ、それから、どうなったの？」と、会話のなかに積極的に入り込み、話題に関与することもできるのだ。

ポイントとなるのは、参加における自由度の存在だろう。〈む〜〉たちの間ではベースとなる会話の場が維持されるので、会話の場に話し手や聞き手として積極的に参加しても、あるいは傍観者として会話を聞き流すのでもいい。実際に〈む～〉たちとかかわってみると、この選択肢の存在はとてもありがたいのである。

4　ロボットたちによる傾聴の可能性

ここまで子どもたちや〈む～〉を取り囲んでいる、能動的かつ支援的な環境について述べてきた。それはやや非対称な関係にあり、子どもの一方的な語りをお母さんが傾聴するスタイルをとっていた。本来、会話連鎖は相補的な関係で成り立つものであり、お母さんの「えっ、だれと?」との問い（＝これも言葉足らずな表現）は、子どもからの「そらちゃん!」という応答によって支えられる。お母さんにとって目の前の子どもの表情や発話は、自らの発話を組織していく上でのリソースであり、支援的な環境でもある。

ここでは、わたしたちの語りをロボットたちが傾聴するスタイルについて考えてみたい。〈む～〉たちとのかかわりでもいいのだけれど、ホームユースとか、パーソナルな用途を想定したときには、もう少し小さなサイズのクリーチャが欲しい。そうした議論から生まれたのは、手のひらに載るくらいのタマゴのような姿をした〈NAMIDA[0]〉というクリーチャである。

このような小さなサイズのクリーチャをどのようにして作るのか。詳しくは他のところに譲るけれども、ふるまいを生み出す駆動機構をクリーチャの外に置いているのである。

わたしたちの手のなかにあるなら、その手を動かせばいい。クルマのセンターコンソール上に載せるのであれば、駆動機構をコンソール内部に搭載できる。スマートスピーカーに代わるホーム・エージェントとするなら、駆動機構を内蔵したベースの上に載せることで、ふるまいを生み出せる。クリーチャの構成として、まわりの環境と〈ひとつのシステム〉を作るわけである。本節では、ホームユースのパーソナルなエージェントを想定した、〈NAMIDA⁰ Home〉とのインタラクションの様子を紹介してみたい（図3）。ここでのインタラクションも、いくつかの水準が存在するはずだ。

H「きょうはね、買い物にね、行ってきたんだよ」

R「へー、そうなんだ！」

わたしたちの語りかけに対して、あいづちやそれに相当する応答によって受け止める。と同時に「あなたの話を聞いてますよ」「あなたの話に関心がありますよ」と、聞き手性（hearership）を表示する。話し手は、まだ素性のわからない〈む～〉たちに投機的に発話を繰り出すのだろう。そんなときに返される「へー、そうなんだ！」は、ちょっとホッとする瞬間でもある。なにげない一歩を地面がそっと支えるようなもので、これまで「グラウンディング（grounding）」と呼んできた。もっと関与の度合いを深めてみたらどうだろう。

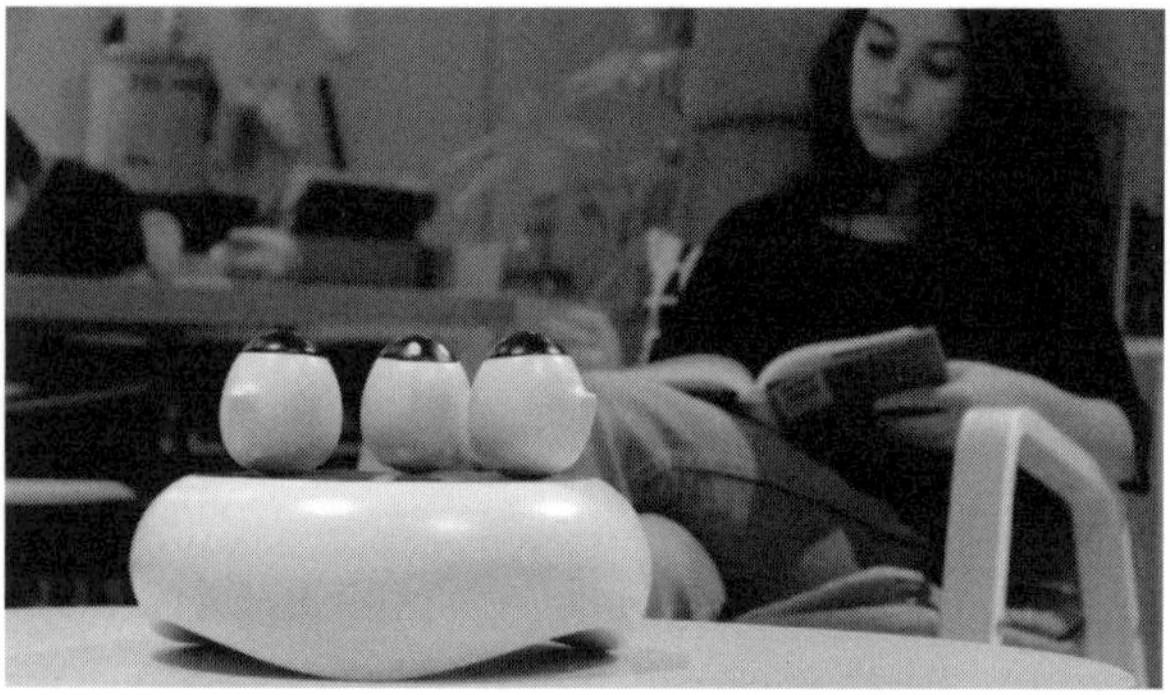

図3　3つのクリーチャから構成された〈NAMIDA^{0} Home〉
「きょうはね，買い物にいってきたんだよ」の語りに対して，「へー，そうなんだ！」「買い物にいったんだ」「で，なにを買ってきたの？」「だれといったの？」……と関心を寄せてくれる．

H「きょうはね」、R「きょう？」、H「買い物にね」、R「いったの？」、H「行ってきたんだよ」、R「へー、そうなんだ！」「買い物にいったんだ……」

話し手からの発話をなぞったり、一部を引き取りながら話題に入り込んだ格好だろうか。一緒に並走している感じがおもしろい。相手の発話を自らのなかに住まわせ、自分のことのように語りに参加してしまう。その話題に興味があって、共感的に理解しようとしていることを示すものだ。

わたしたちの言葉足らずな発話に対してはどうだろう。

H「きょうね」、R「えっ、きょう、どうしたの？」
H「行ってきたんだよ」、R「えっ、どこに行ってきたの？」
H「買い物にね、行ったんだよ」、R「へー、そうなんだ。だれと行ったの？」

……

子どもの言葉足らずな発話に対する、お母さんからの能動的で支援的な応答のようなものだろう。「きょうね、行ってきたんだよ」との語りに対する、〈む〜〉からの「えっ、どこに行ったの？」「だれと行ったの？」という問いは、「行く」という動詞の「不足格」を把握することで生成できる。話し手の語りを理解し、もっと詳細な情報を知りたい聞き手側である〈む〜〉の強い関心を示すものとなるのだ。

くわえて〈NAMIDA⁰ Home〉のもう一つの特徴は、三つのクリーチャ〈NAMIDA⁰〉から構成されていることである。おばあちゃんの語りを三人の孫たちが一緒に耳を傾けるような感じだろう。

H「きょうはね」

R1「えっ、なに？」、R2「きょうは？」、R3「きょう、どうしたの？」

H「買い物にね」

R1「うん」、R2「買い物？」、R3「行ったの？」

H「買い物に行ってきたんだよ」

R1「へー」、R2「そうなんだ！　買い物に行ったんだ！」、

R3「えっ、なにを買ってきたの?」
H「シャツをね、買いに行ったの」
R1「そうなんだ!」、R2「シャツを買ったんだ」、R3「えっ、だれと行ったの?」
……

三つのクリーチャ〈NAMIDA⁰〉は、同じ発話を連呼してもいいけれど、それぞれの水準でのグラウンディングを担わせている。とりあえず、(a)うなずくもの、(b)話し手の発話をなぞるもの、(c)不足格の情報を補おうとするもの、などである。

いくつかの水準でグラウンディングを並行して行ったり、「えっ、どこに行ったの?」「だれと行ったの?」「なにを買ってきたの?」と、めいめいの関心を並べてみると、ちょっと賑やかそうだけれど、いろいろな意味が生まれてくる。

その特徴の一つは、クリーチャたちはめいめいに視線を向け、おばあちゃんの語りに関心を集中させていることだ。一緒に一つの対象に志向を向け合うクリーチャたちの姿は、生き物らしさやソーシャルな性質を伴い、とてもかわいい。それに、おばあちゃんの発話をいくつかのクリーチャがなぞり合うことで、みんなで共感的に理解し合おう、競い合いながら会話の場を盛り上げようとする感じが生まれる。これらによって、お互いのつながりを志向したラポールトークの場を生み出すのである。

自分の話を聞いてもらおうとするおばあちゃんの立場からはどうか。一対一でのやり取りでは、相手の問いかけに丁寧に応える必要があり、なかなか大変なこともあるだろう。三つのクリーチャによる多様な角度からのグラウンディングや問いかけに対してであれば、とりあえず応えやすいものを選ぶことができる。おばあちゃんから提供された話題に対して、クリーチャたちが勝手なコメントや解釈をくわえていくため、その様子をしばらく眺めることもできる。この自由度の存在によって会話への応答責任が少し和らぐのである。

5　大切な言葉をモノ忘れしたらどうか

言い直しや言い淀みを含んだ非流暢な発話、言葉足らずな発話、そして傾聴的な応答などを検討していくなかで生まれたのは、「ロボットが昔ばなしを語り聞かせるなかで、大切な言葉を物忘れしたら、どのようなことになるのか」である。そのきっかけは、エドワーズとミドルトンら（Edwards & Middleton, 2009）の着目した「共同想起対話（joint remembering dialog）」である。これはある映画の場面を二人の実験参加者に会話のなかで思い出してもらい、共同想起における社会的な相互行為の役割を考察したものである。

すなわち「共同想起対話を人とロボットとの間で行えないものだろうか」というわけである。ここで登場するロボットは、〈トーキング・ボーンズ〉（通称、タクボー）である（図4）。ティッシュをくばろうとしていた〈アイ・ボーンズ〉をベースに、テーブルの上でわたしたちとソーシャルにかかわ

図 4　子どもたちに昔ばなしを語って聞かせようとする〈タクボー (Talking-Bones)〉
「おじーさんは山に柴刈りに，おばーさんは川に……」「えっとー」「川になにをしにいったんだっけ……」と〈タクボー〉が考え込んだ途端に，子どもたちの目が輝きだす．

ることを意図して、ひと回り小さなサイズとなっている。キョロキョロした顔の動き、ヨタヨタとした生き物らしい身体の動きは健在である。

ただ〈タクボー〉の想起メカニズムはそう簡単に作れそうにない。深層学習による言語生成を試みるも、「忘却」や「想起」などを実現するには、もう少し検討が必要なのだ。そこでプレ研究として進めているのは、子どもたちに昔ばなしを語って聞かせるも、ときどき大切な言葉をもの忘れしてしまう〈タクボー〉と子どもたちとのかかわりの様子である。

R「むかし、むかしね、あるところにね」「おじーさんとおばーさんがいました」「おじーさんは山に柴刈りに、おばーさんは川に……」「えっとー、なんだっけ？」「川になにをしにいったんだっけ……」

〈タクボー〉がもの忘れをするのも、妙な話だけれど、「あれっ……」「えっとー、なんだっけ？」と困った仕草をすると、まわりの子どもたちが目を輝かせるのだ。

ある子どもからの「せんたくにいったんじゃないの……」とのヒントが聞き取れなかったのか、「そうじゃなくて、えっと……」「川になにをしにいったんだっけ？」と思い出そうとする。

「センタク！」との手助けに、ようやく「それだ！　それそれ！」「せんたくにいったんだった」「それでね、おばーさんはね、川にせんたくにいきました」「すると川のなかから、どんぶらこ、どんぶらこと……」「あれっ、えーと、なにが流れてきたんだっけ」……と、こんな感じなのだ。この〈忘却〉は明らかに作り込まれたものである。〈タクボー〉側の音声認識エンジンでは、忘却したはずの「センタク」という単語を待ち構えている。せっかくの「せんたくにいったんじゃないの……」という発話は、ロボットの想定していた単語ではなかったのだ。

こうしたシンプルな仕組みにもかかわらず、子どもたちは懸命に〈タクボー〉の助けになろうとする。「なにを困っているのか」と、相手の志向を自らのなかに住まわせ、「ああでもない、こうでもない」と考えをめぐらす。ヨタヨタした〈タクボー〉のふるまいが子どもたちの「志向的な構え」や「なり込み」を引き出すのである。

まだ疑似的なものだけれど、「えっと、なんだっけ……」、「あれじゃなくて、えっと……」と、お互いの志向を向け合い、そこで調整し合う（ように見える）。お互いの志向を自らのなかに住まわせて、相手の想起プロセスをなぞり合う（ように見える）。一方的な語り聞かせにくらべて、子どもとロボットとのコミュニケーションはとても豊かなものになるのだ。

そもそも〈タクボー〉が淡々と昔ばなしを語り聞かせるだけなら、子どもたちはすぐに退屈してしまう。その意味で、ロボットの凹み（＝記憶の不完全なところ）が子どもたちの強みやさしさを引き出している。子どもたちであっても、昔ばなしの「桃太郎」を最後まで諳んじることはできない。お互いの〈苦手なところ、不完全なところ〉を補い合いながら、その〈得意なところ〉を引き出し合うような、持ちつ持たれつの関係を作り出すのである。

ときどき、子どもたちの間でも紛糾することがある。

R「モモのなかから……、あれっ、なにが出てきたんだっけ？」
R「あか……」
H1「ももたろうじゃないの？」、H2「あかんぼうじゃないの」、
H2「あかんぼう……」、H3「ちがっ、ちがう……」、H1「ももたろう！」
R「えっと……」
H2「あかんぼう……」、H3「あかちゃん！」
R「あかちゃん！　それだ！」
（子どもたちの笑い）

桃のなかから出てきた「もの」をめぐって、子どもたちの間でも二転三転するのだけれど、最終的には「あかちゃん！」で決着をみた。みんなでホッと安堵し、そこで笑い声が起こった、のである。子どもたちは、自分のなかで考えをめぐらせるだけでなく、相手の表情をうかがいながら、その志向を自分のなかに住まわせる。「忘却要素」を媒介として、子どものなかで志向を向け合い調整し合う。そこでの認識を共有し合うのだ。お互いの考えをいい合うだけでなく、「忘却要素」に対して、みんなで「並んでいる関係」なのがおもしろい。

それと、子どもたちの表情が生き生きしており、とてもいい感じなのだ。わたしたちはだれかに手伝ってもらえたとき、うれしく感じる。それ以上に、だれかの手助けとなれたり、一緒になにかを成し遂げることができたときも、とてもうれしい気持ちになる。子どもたちも〈タクボー〉を手助けできたことに喜びを感じているのだろう。それはちょっとした有能感とか、達成感とか、お互いのつながりから生まれるものなのだろう。

昔ばなしのなかの「あるぼんやりとした情景」に対して、子どもたちと〈タクボー〉は並んでいる。「ああでもない、こうでもない……」といいつつ、寄り添いながら、その情景を一緒に作り上げようとする。過不足のない、自己完結した言葉を求められることも多いのだけれど、わたしたちとロボットとの間にも、こうした寄り添う関係があってもいい。昔ばなしのなかの「ぼんやりとした情景」「不確かな記憶」は、お互いのかかわりを生み出すための一つの媒介物に過ぎないのである。

次の最終章では、こうした「並ぶ関係」でのコミュニケーションや「自らの能力が十分に生かされ、生き生きとした幸せな状態」を指す言葉である「ウェルビーイング（well-being）」を向上させる、ロボットとのかかわりなどについて議論してみたいと思う。

第5章　ロボットとの〈並ぶ関係〉でのコミュニケーション

1　公園のなかを一緒に歩く

（1）「じーぶんで！　じーぶんで！」

親になれば、だれしも願うことかもしれない。生まれて間もない我が子の姿を眺めながら、「あと一～二年もすれば、もう少し身体もしっかりしてくるだろう。もうじき歩けるようになったら、新緑のなかを一緒に手をつなぎ、のんびりと散歩でもしたいものだ」と。わたしたち親子にも、そんな時期が訪れたことがある。ただ残念なことには、「子どもと手をつなぎながら、のんびりと散歩する！」

とは勝手に抱いた幻想だったようだ。

靴下をはくのでも、つかまり立ちするのでも、子どもは「じーぶんで！　じーぶんで！」といいながら、その手を振りほどこうとする。ちょっと世話を焼き過ぎた反動なのだろうか。

歩行器のなかにいた時分から、ゴロゴロッと引きずるようにして部屋のなかを激しく動きまわる。部屋の壁にゴッツンゴッツンとぶつかり、ようやく減速するほどだ。それは少し歩けるようになってからも、あまり変わることはない。公園のなかを歩くのでも、スーパーのなかで買い物をするのでも、わたしたちの手をすぐにほどこうとする。自由に歩けるようになったのがよほどうれしかったのだろう。

この間まで、お母さんの腕のなかに抱かれ、自由に移動することもままならないものだった。はじめはドキドキもしただろうけれど、なにげなく一歩を踏み出してみたら、ちゃんと床が支えてくれた。しかも押し返すようにして身体のバランスを整えてくれる。床や地面からの助けを借りながら、ようやく歩けるようになったのだ。

それに「あっ、じょうず、じょうず！」との声援を受けるのも、当人としてはまんざら悪い気はしなかったのだろう。広い公園のなかをここぞとばかりに、ヨタヨタとした姿のまま出かけ出して行ってしまう。

この頃では「自らの能力が十分に生かされ、生き生きとした幸せな状態」を指す言葉である「ウェルビーイング（well-being）」に関する議論（渡邊ほか、二〇二〇）が盛んに行われている。お母さんの庇護のもと、ぐずりながら必要なミルクを手にし、行きたいところにも連れていってもらえた。これはこれで便利なことだし、生きるためにとても大切なことだ。一方でウェルビーイングの観点で考えるなら、「自在にどこにでも！」と自律性を手に入れたこと、「だんだんに上手に歩けるようになった！」といった有能感や達成感、そして子どもの歩行を支えている床、ソファーなどの縁、「よし、がんばれ、もう少し！」とまわりで応援してくれる人たちとのかかわりなども、それにも増して大切なものだったのだ。

(2) 手をつなぎながら一緒に歩く

「なかなかいい季節になってきたものだ」と、子どもと手をつなぎながら公園のなかを一緒に歩く。あるとき、そんな願いがちょっとだけかなったことがある。いつもはすぐに手をほどこうとしたけれど、こうしていざ手をつないで歩いてみると、ちょっと照れ臭いような、うれしいような、どこかホッとするような、いろいろな気持ちがわいてくるものだ。

とりたててなにか目的があるわけではない。あたりの木々を眺めながら、柔らかくなった日差しや風を一緒に感じている。それだけにもかかわらず、しばらくそんなふうにして歩いていると、お互いの歩調も次第に合ってくる。どちらに進もうとするのか、どんなスピードで歩けばいいのか……。言葉はないけれど、子どもの気持ちはなんとなく伝わってくる。こちらの気持ちも少しは伝わっているように感じる。なかなかおもしろい感覚なのだ。

手を軽く握り合うなかで子どもの意図がわずかに伝わることもある。「こっちにいってみようか……」

と、手を軽く引くなら、こちらの提案もダイレクトに伝えられる。子どもの手に引かれるようにして、少し足を速めたり、向かう先をあらためることもある。

ただ、お互いの手を引っぱり合うのでも、相手に一方的に従うのでもない。自らの意思を少しは示しつつも、「半ば、あなたに委ねているよ!」と、相手に開いているところがある。そうした委ね合いのなかに、わずかに調整し合う余地が生まれるのだ。そこで「あっ、そっちに行きたかったのか、おもしろそう!」といった、ちょっとした出会いもある。これはふらりと街のなかを歩くときの感覚にも近いものだろう。お互いの関心に触発されながら、一緒になにかを生み出していく感じなのである。

二人のコミュニケーションの手段は、つないだ手と手の間だけではない。子どものおぼつかない足取りに、自分の身体を思わず重ねてしまうこともある。あるいは姿勢や視線の先を追うように、一つひとつのふるまいを自分のものとしながら、子どもの気持ちをなんとか探ろうとする。子どもの方も、わたしの歩くスピードや進行方向を追いかけつつ、「あれっ、どこに行こうとしているのかな……」と意図を探ろうとするのだ。

子どもの志向を自分のなかに住まわせ、気持ちを吸収しようとする。お互いのふるまいをなぞり合う。気持ちを理解し合うとは、そんな相互のなり込みを介してのことだろう(鯨岡、一九九七)。そこで生じた気持ちは、半ば自分のものであり、相手のものでもある。

(3) なんだかホッとしてしまう

手をつないで一緒に歩くときに、なんだかホッとするのはどうしてなのか。相手が歩きはじめたばかりの小さな子どもだからだろうか。小さな手をかるく握ると、わずかな力で応えてくれる。つながった感じ、通じ合った感じがおもしろい。

「子どもに、ちょっとは頼られているのかな」との思いとともに、自らも子どもの意思に半ば委ねながら、ほんの少し頼っているところがある。こうした持ちつ持たれつの関係になれていることもうれしいのだ。

もっとも「他の人と歩調を合わせながら歩くのは煩わしい、ひとりで歩く方が気楽でいい！」と感じる向きもあるだろう。ただ、煩わしさのなかにある、わずかな〈制約〉も侮れない。「わたしたちの自由を縛ってしまう！」というより、うまい具合に多様な選択肢のなかの自由度を減じてくれる。「どんなスピードで歩けばいいのか」「どちらに進めばいいのか」「ここでなにをすればいいのか」など一つひとつ考える手間が省ける。言葉足らずな発話のところでも感じたように、半分は相手に責任の一端を負わせることができ、すべてを自分で引き受ける必要がない。ほんの少し肩の荷が下りたような気分になるのである。

くわえて、だれかと一緒に歩いているとホッとするのは、「いま、自分はここを歩いていてもいい、この方向に進んでいてもいい」といった肯定感のようなものが生まれるからだろう。ひとりで判断するには心細いことも、一緒に隣で歩いてくれるだけで、一つひとつの行為が承認されているような気がする。これまで「並ぶ関係でのグラウンディング」と呼んできたことだ（岡田、二〇一二）。相手は小さな子どもにもかかわらず、どこか心強いのである。

2　ロボットと一緒に歩く

（1）手をつないで一緒に歩く〈マコのて〉

子どもにはなんとも失礼な話なのかもしれない。せっかくの散歩を楽しんでいたはずなのに、手をつないでいる子どもの姿がちょっとだけロボットに重なって見えたりする。「あっ、そうか。ロボットと手をつないで一緒に散歩をするのはどうか」と。

こちらに近づいてくる〈アシモ〉に「おはよう！」と挨拶し、なにげない言葉を交わした後に別れていく。ティッシュをくばろうとする〈アイ・ボーンズ〉のところに立ち止まり、ティッシュを一つ受け取り、軽くお礼をして立ち去る。そんなふうに、人とロボットとのコミュニケーションの多くは、これまで「対峙し合った関係」を想定してきたように思う。手をつないで一緒に並んで歩く、つまり人とロボットとが「並ぶ関係」で通じ合うなら、とてもおもしろそうなのだ。

「対峙し合う関係」から「並ぶ関係」へのシフトによって、コミュニケーションのモードは「なにかを伝え合う」ものから、「相互に調整し合う」「なにかを共有し合う」「なにかを生み出す」ような対称で対等な関係に移行する。このとき、人とロボットとの「並ぶ関係」でのコミュニケーションと

図1　手をつなぎながら一緒に歩くロボット〈マコのて〉
一方的に連れて行ってもらうわけではない．むしろヨタヨタとして，すこし頼りないくらいのほうがいい．「あれ，どうした？どこに行きたいの？」と，ロボットに思わず寄り添いながら背後にある意図を読もうとしてしまう．

は、どのようなものになるのだろう。

そうしたことをしばらく考えていたけれど、筆者らのラボでは〈アシモ〉のような二足歩行のロボットをすぐに用意できるわけではない。それでもいくつか議論を重ねるなかで、シンプルでかわいい〈マコのて〉というロボットが生まれてきた（長谷川ほか、二〇一九）。「手をつないで歩くだけなら、手は一つでいいのではないか。一緒に歩くだけなら、二足歩行に拘らなくても」というわけだ（図1）。

〈マコのて〉のデザインは、丸みのある四角い箱に目がついたシンプルなもので、顔のようにもボディのようにも見える。頭部からは一本のリンク機構で作られた腕と手がでている。ロボットのデザインとしては奇妙だけれど、それほど違和感はない。移動機構を備えたプラットフォームは、手作りの二つのホイールから、いつしかお掃除ロボットの〈ルンバ〉をベースとしたものに変わったけれど、ボディと腕のところは、いまでもオリジナルなデザインが継承されている。

手をつかんで持ち上げてみると、〈マコのて〉は左右に身体を揺らしながら、ヨタヨタと進みはじめる。少し歩いてはちょっと立ち止まり、まわりの様子をうかがうようにして、また歩きはじめる。ちょうど幼い子どもや子犬を連れて歩くような感じだろうか。

ポイントとなるのは、ヨタヨタとした歩き方である。サーボモータを利用して、左右のホイールを交互に動かすことで、身体を左右に揺すりながら歩いているようなふるまいとなる。ヨタヨタ感を生み出す上では、移動機構とボディ部分をつなぐスプリングも貢献している。「あれ、どうした？ どこに行きたいの？」と、ロボットに思わず寄り添いながら背後にある意図を読もうとしてしまう（＝志向的な構え）。もし二つのホイールでスイスイと移動するなら、小さなクルマの模型のように見えてしまい、生き物ではなく、どこか機械的な動きをイメージさせてしまうことだろう（＝設計的な構え）。

〈マコのて〉の制御はどのように行われているのだろう。「あなたはロボットなのだから、人の手を借りることなど考えてはいけません！」といわれても、「すべてを自らの判断で行う」のは大変なことだ。すべての動作をあらかじめ作り込んでいたのでは、どこか独りよがりなふるまいとなってしまう。

人にぶつからないように気をくばり、経路を選びながら歩く。それだけにもかかわらず、「どんなスピードで進めばいいのか」「どこに向かえばいいものなのか」など、数多くの選択肢を抱え込むことになる。そもそも「なんのために歩くのか」と目的を把握しているわけでもない。「いま、なんのために、なにをすべきなのか」など、多くの可能性のなかから目的を絞り込み、行動につないでいくのは意外にも難しい。

そんなときには、「まぁ、とりあえずはだれかと一緒に歩きはじめてみたらどうか。いつか目的とすることが見えてくるかもしれませんよ」といったアドバイスはありがたい。「いま、ここを歩いていていいのだ」との指標になる。他の人と一緒に歩くという「制約」だけでも、個々の行動選択における自由度をいく分かは減じてくれるのである。

（2）〈マコのて〉との相互適応プロセス

〈マコのて〉と手をつないで歩く感覚は、どのようなものか。手を握りながら引こうとするとわずかに引き戻そうとする。それだけなのに、どこかつながり合った感じがしておもしろい。〈マコのて〉の手を引くときの手応えも重要な要素だろう。やりとりのなかで〈マコのて〉の性格も伝わってくるのだ。

「ただ素直に従うだけ！」と、あまりに従順過ぎてはつまらない。「すべてを任せますよ」というのでも、ちょっと荷が重い。〈マコのて〉を引きつれて歩いているような感覚となってしまう。一方で「手を引こうにも、なかなかいうことを聞いてくれない」のはどうか。「いやだ、こっちにいく！」とばかり、あまりに主張が強過ぎても手に負えない。独りよがりなロボットの行動につき合うだけで、疲れ果ててしまうことだろう。

一緒に歩くときは、人もロボットも、自分を主張しつつも相手に半ば開いている必要がある。いわゆる調整の余地であり、バフチンの「権威的な言葉」や「内的説得力のある言葉」に関する議論とも通じるものだろう。〈マコのて〉から一方的に手を引かれていたのでは、どこか行動を強いられているようで具合がよくない。ロボットを引き連れて歩くだけでも、自分の判断に一方的に従わせるだけになってしまう。「権威的な言葉」と同じで、納得感を伴わず、相手の気持ちを揺り動かすものにならないのだ。

それでは「自分を主張しつつも、相手に半ば開いている」とはどういうことなのか。どのようなスピードで歩けば、一緒に歩くことになるのか。目の前に近づく障害物に対して、どちらの方向に回避すればいいのか。お互いのパーソナルスペースはどれくらい空ければいいのか。人は自らの判断で歩いていても、ロボット側の行動の一部を参照しつつ、次の行動を探ろうとする。ロボットのふるまいに自分の身体を重ねるようにして、同一の状況に置かれた自分の身体の判断を手掛かりに、ロボットの次の行動を先読みして、それに合わせていく。つまり人側がロボットの行動に適応しようとするのだ。

一方の〈マコのて〉は、他の人の気持ちを推察するほどの能力はない。それでもレーザーレンジファインダと呼ばれる測域センサやカメラによって、周囲の障害物や隣を歩く人の位置や歩こうとする方向、スピードなどを把握できる。それらの物理量を参照しつつ、自らの行動方略を手掛かりに、人の行動を予測しようとする。〈マコのて〉と手をつないでいることから、手のところにあるセンサや腕のアクチュエータを介して、「ちょっと急ぎ過ぎ！」「もう少し、こっち！」といったやり取りも行える。このズレに関する情報を手掛かり（＝教師信号）として用いながら、自分の行動方略を部分的に修正しつつ、人側の行動に合わせようとするのだ。

「こっちかなぁ……」「いや、こっちだよ！」と、はじめはお互いの手をひっぱり合い、ギクシャクとするのだけれど、調整し合うなかで手を引き合う頻度も減ってくる。お互いの「制約」によって、それぞれの自由度を減じ合う。「相互適応（mutual adaptation）」と呼ばれる（鴨田ほか、二〇一〇）もので、人は〈マコのて〉の方略を探りながら適応しようとする。と同時に〈マコのて〉も人の行動の方略を探りながら、お互いの間でオリジナルな関係性（＝バランスポイント）を探ろうとするのである。

佐伯胖の言葉として先にも紹介したように「共感とは、まず自分自身を「からっぽ」にして、そっくり丸ごと、相手のなかに入ってしまうことだ」（佐伯、二〇一七）。「相手の志向を自分のなかに住まわせる」のは、自分自身の行動方略を「からっぽ」にして、相手の行動方略に合わせ込もうとするものだ。ロボットとの相互適応のプロセスでは、わたしたちは〈マコのて〉に対して「二人称的にかかわろう」とし、〈マコのて〉側も「二人称的にかかわろう」とするものなのだ。

このようなロボットとの相互適応は、障害物に対する回避や歩くスピード、お互いの距離など、物理的なレベルにおいて、ようやく実現できるものである。それでも、お互いが調整し合うなか、相手の気持ちや性格までも伝わってくる（ように思える）。この「わたしたち」としての一体感はとても心地いいのである。

(3)〈マコのて〉とのウェルビーイングなかかわり

では「自らの能力が十分に生かされ、いきいきとした幸せな状態」であるウェルビーイングの観点から、〈マコのて〉とのかかわりを捉えてみたらどうだろう。

一つのポイントは、一緒に手をつないで歩く際にも、お互いの「自律性」はしっかりと担保されていることだ。相手に合わせる〈制約〉を感じつつも、行動を一方的に強いられるものではない。お互いの調整のなかで「思うがまま、どこにでも行ける！」という自由な感覚が残されているのはとても大切なことだろう。

それとひとりで歩くのとは違って、相手の存在はとても心強く感じる。「どのくらいのスピードで歩けばいいのか」「どちらの方向に歩いたらいいのか」など、相手に合わせることが一つの〈制約〉となって、その自由度の一部を減じてくれる。すべてのことを一つひとつ自分のなかで判断する必要がない。ちょっと肩の荷が下りたようで、ホッとした気分になる。これは一歩、一歩を地面に委ねながら、その歩行の一部を支えてもらうようなもの。「相手に半ば委ねる」とは、自らの能力や身体の拡張感を伴うのである。

一方で〈マコのて〉はヨタヨタと歩きながら、こちらの判断を仰ぐように、ときどき立ち止まる。また手を引いてあげると安心したように歩き出す。子どもと一緒に歩いたときにも感じたことだけれど、「ロボットから頼られている」感覚もまんざら悪いものではない。「自分にもこんなやさしいところがあったんだぁ」と穏やかな気持ちになれる。自らの潜在能力を引き出してもらい、新たな役割を与えてもらったわけで、自己肯定感や有能感を覚えるのだ。

〈ゴミ箱ロボット〉の例でも、それを取り囲んでいた子どもたちは、どこか生き生きとして見えた。〈ゴミ箱ロボット〉や〈お掃除ロボット〉の不完全なところがまわりの子どもたちの強みややさしさを引き出し、子どもたちも有能感を覚えていた。あるいはティッシュをくばろうとする〈アイ・ボーンズ〉のところに腰を下ろしながら、その手助けをする。「ロボットから頼られている」ようで、どこかうれしい気持ちになれる。

ロボットとのウェルビーイングなかかわりにおいて、もう一つの大切な要素は「なんとなくうれしい」といった感覚だろう。〈マコのて〉とただ一緒に歩くときも、そこにつながり感や一体感がある。お互いの歩調に気をくばり、目の前の障害物を上手に避ける。そうした「わたしたち」として、なにかを共有し合える存在がそばにいてくれる。それだけで十分にうれしいのである。

(4)〈トコボー〉と一緒に歩く子どもたち

筆者のラボでは〈マコのて〉の他にも、人との「並ぶ関係」でのコミュニケーションに着目したロボットをいくつか構築してきた。それらを並べてみると、それぞれの違いが顕在化しておもしろい。

一つは〈トコボー〉という、〈アイ・ボーンズ〉の原型となったロボットである。〈マコのて〉は、一緒に手をつなぐ制約もあり、相手の状態も手を介してダイレクトに伝わってきた。〈トコボー〉には、手をつなぐための腕はなく、「ただ一緒に並んで歩く」ことを探ろうとするものである(図2)。

図2　小学校の廊下で子どもたちと一緒に歩く〈トコボー〉
ロボットの進行に合わせて，つかず離れず取り囲むように群れを作る．ロボットの頭に触れたり，進行方向に合わせて，道を上手に譲ってあげる．めいめいができることを懸命に探りながら，全身でケアしようとする．

そのため、他の人と一緒に歩く際には、視覚だけが頼りとなる。わたしたちと一緒に並んで歩きながら、ときどきこちらの様子をうかがって、進むべき方向やスピードを確認する。これは「社会的な参照（social referencing）」と呼ばれるものだろう。あるいは「こっちに歩いていくけど、いいのかな?」と、わたしたちに承認を求めようとする。まだひとりで歩くことに自信がなく、こちらを気にしながら、どこか頼ろうとしている仕草がとてもかわいい。「ロボットから頼られている」のも、とてもうれしいのだ。

わたしたちも前を向いて歩くものの、「こんなスピードで大丈夫だろうか、ちゃんとついてこれているのか」と、ときどき〈トコボー〉の様子を気にかけながら、スピードや歩く方向を調整しようとする。同時に、〈トコボー〉は前方のどこに視線を向け、次になにをしようとするのかを探ろうとする。相手に自分の身体を重ねながら、その志向を自分のなかに住まわせようとする。

これは「視覚的な共同注視（joint visual attention）」とほぼ同じ図式となる。一緒に歩くなかで、「どんなスピードを選択するのか」「どちらの方向に歩こうとするのか」と、お互いに相手の様子を気にしながら調整し合う。それだけにもかかわらず、〈トコボー〉との間につながりを感じてうれしい。このロボットも、「なにかを共有し合える」存在なのである。

こうして比較してみると、先の〈マコのて〉は、ボディと頭部とが一体となっており、視覚的な社会的参照の要素を欠くものであった。それでも手と手を介して「こっちでいいのだろうか……」と、なんとか社会的な参照を実現していた。それにくわえ、相手の気持ちをダイレクトに探る上では、手を引き合う要素がとても大切な役割を果たしていたのだ。

ラボのなかでは、こうした事柄を一つひとつ確認することで研究は進むけれども、ある意味で予定調和的なものとなりやすい。そこで「近くの小学校などに運んでみてはどうか」と、小学校の休み時間に、廊下をヨタヨタと歩かせてみたのだ（図2）。

子どもたちは大喜びで〈トコボー〉を迎え入れてくれた。そこではわずかな想定もあっけなくひっくり返されてしまう。子どもたちは、必ずしもロボットの横で並んで歩いてくれるわけではない。ロボットの進行に合わせて、つかず離れず取り囲むように群れを作る。その後ろからついていくもの、ロボットの前に進みながら手招きするもの、その横でロボットを従えるようにして歩くもの。しかも、子どもたちはロボットの様子をめいめいに探ろうと、位置取りを頻繁に変える。手をつなぐロボットではないので、子どもたちとの関係がまちまちになるのは致し方のないことだろう。

〈トコボー〉の行く手を遮るようにイタズラをしてみたり、目を覆い隠して遊んでみる子どももいる。けれども次第に〈トコボー〉の様子を気にかけながら、進行の妨げになりそうな椅子などを移動してあげるなど、みんなで面倒を見ようとするのだ。

彼（彼女）たちの嬉々とした姿を見ていると、先に紹介した「すべての人――生まれてすぐの乳児から、終末期を迎える老人まで――は、だれかをケアしないではいられない存在である」との言葉（佐伯、二〇一七）を思い浮かべてしまう。「子どもたちは、〈トコボー〉がよくなるように、なんらかのよきことをしてあげることに専心没頭することで、結果的によく生きることを実現している」ようなのだ。

そうしたかかわりでは、横に並んで、相手の様子を慮りながら歩くことだけがケアではない。「手をつなぎ合う」制約が取れたこともあって、ロボットの頭に触れたり、進行方向に合わせて、道を上手に譲ってあげる。めいめいができることを懸命に探しながら、まさに全身でケアをしている。ときどきもの忘れする〈タクボー〉に対する手助けを子どもたちが競い合っていたように、「自らの能力が十分に生かされた、生き生きと幸せな状態」、つまりウェルビーイングをみんなで生み出し、共有し合っていたのである。

（5）〈ポケボー〉と一緒に街のなかを歩く

少し小さなサイズのロボットを抱えるように、一緒に街歩きを楽しむのはどうか。そんな発想から

図3　胸ポケットのなかに入れて一緒に散歩するロボット〈ポケボー〉
一緒に散歩しながら，相手の関心の向かう対象に視線を向け合う．自分の気持ちを理解しようとしてくれる存在がそばに居てくれるのは，なぜだかうれしい．

生まれた〈ポケボー〉は、胸ポケットに入るくらいのサイズで作られたモバイルタイプのロボットである（図3）。

スマートフォンに外づけされたガジェットとして機能し、正式名の〈Pocketable-Bones〉にあるように、デザインも〈アイ・ボーンズ〉の一部を継承している。わたしたちが街を歩くとき、胸ポケットから顔を出すようにして、あたりの様子をキョロキョロと見まわす。乳幼児を腕で抱えながら、一緒に散歩をするような感じだろうか。

〈マコのて〉や〈トコボー〉とは違い、ロボットと一緒に散歩するといっても、〈ポケボー〉は個別に自律歩行をする能力はなく、一緒に歩調を調整したり、どこに向かうのかなど、行動方略を調整し合うものではない。お互いの顔や視線の向きを手掛かりに、注視先を調整し合うことに特化したものなのだ。

わたしたちと〈ポケボー〉とは、顔を向け合って対峙し合うだけでなく、目の前の情景に対して〈並んだ関係〉となる。スマートフォンのカメラからの映像を手掛かりに、

〈ポケボー〉は向こうから近づく人を見つけると、その顔を追いかけたり、なんらかの対象を注視したりする。その動きに誘われるように、わたしたちも、その対象に視線を向けてしまう。なにげなく〈ポケボー〉の注視先を追いかける（＝社会的な参照）ことで、いまどこに関心を向けているかが推察できる。「たぶん、こっちの通りではないのか……」などと、スマートフォン内の地図情報と連携するなら、ちょっとしたナビゲーションともなるのだ。

一緒に街を歩きながら、〈ポケボー〉がわたしたちの注視先を追いかけること（＝社会的な参照）は可能なのだろうか。ロボットとの視覚的な共同注視の重要性は、これまでに数多く指摘されている。けれども、人との並んだ関係においてロボット側からわたしたちの注視先を捉えることは意外にも難しい。これは横に並んでいる人の視線の先を追いかけることを考えると容易に想像がつくことだろう。〈ポケボー〉を提案・構築してきた学生は、この視覚的な共同注視をユニークな方法でクリアしてしまった（Mayumi, et al., 2019）。タネを明かせば、なんのことはない。図3に示されるように、人にメガネ型のウェアラブルデバイス（JINS MEME）を装着させて、そのデバイス内のモーションセンサや視線のトラッキング情報をリアルタイムに〈ポケボー〉側に送信しているのである。普通のメガネの形をしているだけなので、なかなか気づきにくい。

この方法により、どんなことが可能となるのか。一つは、わたしたちの注視先を〈ポケボー〉側にリアルタイムに伝えることができる。一種の意思の伝達手段となるものだ。くわえて、目の前のモノに注意を向けると、〈ポケボー〉も追随するようにして顔を向けてくれる。模倣やなぞり行為と同じで、わたしたちが関心を抱いた対象に、〈ポケボー〉も関心を示してくれる（ような気がする）のである。

厳密な意味での視覚的な共同注視を行うことは難しい。けれども、なにか関心を共有したり、自分のことを理解しようとする存在がそばにいてくれるのはうれしい。先に指摘したように、自分の関心や行動が肯定されているようで、とても心強いのである。

ウェルビーイングの観点からはどうだろう。〈ポケボー〉がなにかに関心を示しているとき、そのなにかに注意を向けても、それを無視してもいい。パートナーとして、わたしたちに行動を強いるものではない（＝自律性が確保される）。それでも〈ポケボー〉の視線の先を少し気にしてしまう。自分でも気づかなかった、新たなことに注意や関心を促してくれる。そばにいるだけで心強く感じるのは、知覚能力の一部を補ってくれる側面があるからだろう。一種の自己拡張感を覚えるのだ。それに、〈ポケボー〉の関心に合わせて歩を進めることができる。「そこに連れて行ってあげた」「喜んでもらえた（ような気がする）」といった意味では、ちょっとした達成感とか、有能感も覚えることだろう。

もう一つは、先に述べたような視覚的な共同注視に伴う、お互いのつながり感や関係性だろう。どこか心が通じ合ったような〈ポケボー〉が胸のなかでキョロキョロしていてくれる。それだけにもかかわらず、「ここにいるのは、自分だけではない」「ここで、こうしていてもいいのだ」と、わずかな安心感や自己肯定感が生まれるのである。

3 〈自動運転システム〉はどこに向かうのか

(1) 身体の拡張としてのクルマ

本章の後半では、〈自動運転システム〉と搭乗者(=ドライバー)とのかかわりについて考えてみたい。路面状況や目的地などのゴールに対して、クルマとドライバーとは〈並ぶ関係〉にある。そこではどのようなインタラクションやコミュニケーションが可能なのだろうか。

「なかなかいい季節になってきたものだ……」と〈自動運転システム〉が操るクルマのシートに身を委ねて、新緑の街のなかを走る。そんな時代にそろそろ手が届きそうに思うけれども、まだハンドルをシステムに預ける気になれない。この頃の自動運転技術は「すごい! すごい!」といわれながらも、普段の一般道を走るには初心者のレベルにも満たないものなのではないだろうか。道路標識や歩行者などを目にしてはブレーキングや徐行を繰り返すような、ドキドキした運転となってしまうことだろう。

くわえて「あなたは自動運転システムなのだから、決して人の手を借りてはいけない!」とばかり、自己完結を目指そうとする。手をつなぎながら、のんびり散歩でもしようとしていたのに、「じーぶんで!」と手を振りほどこうとするようなものだ。わたしたちは、システムの独りよがりな運転にただ一方的に従うだけなのだ。本来、クルマの運転は、もっとワクワクするようなものだった。どこでボタンの掛け違いをしてしまったのだろうか。

〈自動運転システム〉とのかかわりを議論するまえに、素朴な道具であるハサミについて考えてみよう。ハサミは、机の上に置かれていたのでは、なにも用をなさない。わたしたちの手のなかにあって、はじめて紙を切る、糸を断つなどの機能が立ち現れる。すぐに自在に操れるようになり、わたしたちの身体の拡張として機能しはじめる。これに伴う有能感はとても大切なもので、新たな能力を手に入れたようで、ワクワクするのである。

ハサミを手にすることの喜びはそれだけではない。手や指の柔らかさは、丈夫な糸や紐を断とうとするときは〈弱さ〉でしかない。けれどもハサミを操る上で、柔らかでしなやかな手の動きは〈強み〉に変わる。柔らかな手がハサミの持つ〈強み〉を上手に引き出すというように、素朴な道具がわたしたちの潜在的な〈強み〉を伸ばすのである。

クルマとのかかわりではどうか。はじめてクルマを手に入れたとき、とてもワクワクした。上達するのに合わせ、思うがまま自由に操れるようになってくる。いつの間にか、クルマは身体の一部となり、これまでにない力強さを手に入れることができた。アクセルを踏み込むと、クルマの加速感とともに新たに備わったパワーを感じるのである。

街のなかを気ままに走りまわってみる。街のなかを走るのはわたしなのだけれど、街の通りや建物、看板、人の流れなどがわたしたちを走らせてもいる。街の情報は「街のなかを走る」という行動を引き出し、その行為は新たな街の情報をもたらしてくれる。

ジェームズ・J・ギブソンが「わたしたちは動くために知覚しなければならないが、知覚するためにはまた動かなければならない」と指摘したように（ギブソン、一九八五）、街のなかを気ままに走るときの愉しみの一つは、なにげない行為とそれを支える知覚との間断のない行為－知覚カップリングから生まれる「街と一体となった感覚」だろう。クルマとは、人を目的地まで運ぶためのモビリティであると同時に、街の情報とドライバーの行動をつなぐインタフェースでもあるのだ。

クルマが自動運転モードに切り替わるときはどうだろう。気になるのは〈自動運転システム〉の行為系と知覚系から構成される、行為－知覚カップリングのなかに、ドライバーはどのように組み入れてもらえるのかである。

〈自動運転システム〉による運転操作に伴うわたしたちの知覚は意想外にもたらされたもので、わたしたちの能動的な行為のための知覚ではない。わたしたちの知覚の結果も、〈自動運転システム〉の運転操作にダイレクトに結びつくものではない。こうしたことにヤキモキするくらいなら、ハンドルやブレーキ、アクセルなどの操作系は、たやすく手放してはいけないのだろう。

（2）クルマのなかの二つの〈運転主体〉

これまでクルマは、ドライバーの身体の拡張として機能していた。自動運転モードに切り替わったとき、ドライバーとその身体の一部としてあったクルマとの関係はどのようなものとなるのだろう。

わたしたちの身体の一部としてあったクルマは、わたしたちからそーっと離れていき、〈自動運転システム〉として、クルマを勝手に操作しはじめる。さっきまで運転主体であった〈わたし〉と、いまクルマを操作している〈もうひとり〉の運転主体、この二つがクルマのなかで併存する格好となる。

ドライバーが関与する必要のあるレベル3の〈自動運転システム〉では、二つの運転主体との間で協働し合うことが期待されている。けれども〈もうひとり〉の運転主体の素性がよくわからない。「高度に自律した機械」として捉えればいいのか（=設計的な構え）、「なんらかの意思を持ち、それに沿って合目的的に判断しているエージェント」として捉えればいいのか（=志向的な構え）、その素性が定まらないのである。

クルマのセンターコンソールには計器やLEDなどが並んでいるだけで、「いま、なにを考えているのか」「次にどんなことをしようとしているのか」などの情報が伝わってこない。「そろそろ右折なのかな」と、次の行動に対して構えることが難しいのである。

協働に向けたポイントの一つは、「いま自分がどんな状態であるかを他の人からも参照可能なように表示し合うこと」だろう。システムとドライバーとが上手に連携していく上では、社会的表示（social displaying）がまだ十分なものではない。クルマとの間で意思疎通を図り、高度に協働しようにも、コミュニケーションのための手段を欠いているのである。

こうした理由もあって、自動運転モードに関与することをあきらめ、「もうシステム側にすべて任せてしまおう！」といった気になる。すると「完璧に仕事をこなそうとするシステム」と「なにも手が出せずに、やってもらうだけの人」と、役割の間に線が引かれることになる。そこに心理的な距離も生まれ、相手に対する共感性も薄れてしまう。相手に対する期待は「あれも、これも」と要求に変わり、「もっと安全に、もっと完璧に！」と要求水準をエスカレートさせてしまうことになる。なし崩しの機能追加主義と同様に、こうした一連の流れが〈自動運転システム〉を高コストなものとしてしまうのである。

〈自動運転システム〉は、確かに便利なものであり、実現を待ち望んでいる高齢者や障がい者なども多いことだろう。ただ、ウェルビーイングの観点からはどうだろう。〈自動運転システム〉に運転を任せた状態にあっては、「思うがまま、自在に！」とはならない。〈自動運転システム〉に運んでもらうだけの「荷物」になったかのように、ドライバーの自律性の一部は制約を受けることだろう。

有能感や達成感の面ではどうか。「自動運転システムに運転してもらっている」優越感はあっても、「だんだんにうまくなった」「最後まで、ちゃんと運転できるようになった」有能感や達成感を覚えることはなさそうだ。自動運転システムとつながっている感じもまだない。そういう意味で、まだまだ残念なシステムなのである。

4　ソーシャルなロボットとしての〈自動運転システム〉に向けて

（1）〈ソーシャルなロボット〉として捉え直してみる

いっそのこと〈自動運転システム〉を〈ソーシャルなロボット〉と捉え直してみてはどうか。それはここしばらく、筆者のラボのなかで議論してきたことである。

〈自動運転システム〉は多様なセンサからの情報に基づいて、アクチュエータであるエンジンやモータを制御している。その意味では、まさに〈ロボット〉そのものである。これを〈ソーシャルなロボット〉として捉え直すことは可能だろうか。クルマのなかに二つの運転主体が併存してしまうなら、「得体のしれない存在」なのではなく、「コミュニケーション可能な他者」として、お互いの志向を共有し、調整し合えるソーシャルな存在にしてみようというわけである。

手掛かりとするのは、本章の前半で紹介した「子どもと手をつなぎながら公園のなかを一緒に歩く」場面、そして一緒に並んで歩く〈マコのて〉や一緒に街歩きを楽しむ〈ポケボー〉との〈並ぶ関係〉でのコミュニケーション様式である。

これまでドライバーがクルマを操作しているとき（＝マニュアル運転モード）には、クルマはドライバーの身体の一部として、完全に従属していた。一方で自動運転モードにあっては、ドライバーはシステム側の判断や操作を眺めるだけになってしまう。一緒に並んで歩くというより、一方の判断や行動を完全に相手に強いている、裏返せばそれは完全に相手に従っているようなものだ。

子どもと一緒に並んで歩くときのように、自律性を備えた二つの行為主体（＝運転主体）が並びたち、お互いの志向を調整し合う。この間のつかず離れずのほどよい（心理的な）距離感はとても大切なものだろう。それぞれの自律的な判断を生かしながら、わずかに〈制約〉し合うことで、お互いの自由度を減じ合う。このような相手に半ば委ねつつ、その一部を支え合うような関係を作り出せないものだろうか。

本来は、ドライバーと〈自動運転システム〉の二つの運転主体は対等であることが理想的に思える。しかし能力の差はまだ大きい。そこでわたしたちは、いくつかのケースに分けて検討を進めている。

一つは、ドライバーが主たる運転主体となって、もう片方の主体（=ドライビング・エージェント）がそばで寄り添いながらアシストを行うケース（=「レベル2」と呼ばれる）。子どもたちを助手席に乗せながらのドライブに例えるならば、「あそこはなんだろうね」「いってみたい！」と子どもたちの言葉に耳を傾けつつも、ドライバーの最終判断でドライブを行うようなものである。このドライビング・エージェントは〈NAMIDA^0〉と呼んでいる（図4）。

もう一つは、〈ソーシャルなロボット〉としての〈自動運転システム〉が主たる運転主体となり、ドライバーが寄り添いつつサポートを行うケース（=「レベル3」と呼ばれる）である。このインタフェースモジュールは、〈NAMIDA〉と呼んでいる（図5）。三人の子どもたちにハンドルを預けながら、ときどき大人がそのそばで手助けするような状況だろうか。

三つ目としては、プロトタイプの段階にあるものだけれど、二つの運転主体の融合を狙って、新たなパーソナル・ビークルとして検討しているものである。

（2）ドライビング・エージェント〈NAMIDA^0〉

だれかと一緒に歩いているとホッとするように、助手席に同乗者がいてくれると、少し安心できる。

図4　ドライビング・エージェント〈NAMIDA[0]〉
「もっと丁寧に！」「歩行者に注意！」「あっ，赤信号！」などと「がみがみいう（nag）」よりも，「ひじで軽くつつく（nudge）」くらいのほうがドライバーの行動を上手に促すことができる．「ナッジ理論（nudge theory）」に依拠したドライビング・エージェント．

ひとりで判断するには心細いことでも、隣にいてくれるだけで、一つひとつの行為や判断が承認されているような気がする。これも「並ぶ関係でのグラウンディング」の一つだろう（岡田、二〇一二）。

また「同乗者効果」と呼ばれるように、家族などが一緒のときには丁寧な運転を心がけるようになる。同乗者の存在がドライバーの行動を制約するというより、「どんなスピードで走ればいいのか」「ブレーキのタイミングはこれでいいのか」など、運転の際の多様な選択肢における自由度を減じてくれる。同乗者の視線の先が気になり、赤信号や歩行者などに気づく場合もあるだろう。

図4に示されるように、ダッシュボード上に載せられた〈NAMIDA[0]〉は、タマゴのような姿をした、小さなサイズのドライビング・エージェントである。〈ポケボー〉と同様に、ドライバーと〈NAMIDA[0]〉とは、目の前の路面状況に対して〈並ぶ関係〉にあり、

視線の動きでドライバーの注意を誘導したり、ドライバーの注視先を共有することができる。

視線にくわえ、ここでは音声言語でのコミュニケーションも大切な要素となる。特徴の一つは、三つの〈NAMIDA⁰〉による多人数会話を生み出す点だろう。同乗者からの語りかけに、運転中のドライバーが応えようとして、注意を逸らす可能性がある。三つの〈NAMIDA⁰〉によるおしゃべりに対しては、それを聞き流すだけでもよい。〈む〜〉のところで指摘したように、会話への参加の自由度の存在はドライバーにとってもありがたいのである。

同様に〈NAMIDA⁰〉とのインタラクションデザインのポイントは、ドライバーに対して行動を押しつけないことにある。「もっと丁寧な運転を!」「歩行者に注意して!」「あっ、赤信号!」などと「がみがみいう(nag)」よりも、「ひじで軽くつつく(nudge)」くらいのちょっとした後押しの方がドライバーの行動を上手に促すことができる。これは行動経済学において「ナッジ理論(nudge theory)」として知られるものだろう(Thaler & Sunstein, 2008)。

ナッジ理論のポイントは「リバタリアン・パターナリズム」、すなわち押しつけでも、自由放任でもなく、人の認知的なバイアスを上手に利用するものだ。「人の行動変容を促す環境をデザインする」観点からは、生態心理学との整合性も高いように思われる。くわえて、他者に解釈の余地や調整の余地を残す意味では、バフチンのいう「内的説得力を持つ言葉」とも関連するものだろう。

「そこは右なんじゃない?」「そうそう」「まぁ、左もいけるけどね」という〈NAMIDA⁰〉たちのおしゃべりは、ドライバーに判断を一方的に強制するものではない。選択肢を残しつつ、わずかな意見の偏りを持たせることで、ドライバーに適切な行動を促すことができる。この考え方は、〈NAMIDA⁰〉による視線誘導にも応用できるものだろう（伏木ほか、二〇二〇）。

〈NAMIDA⁰〉たちの日本語によるおしゃべりではなく、「もこ」「もこもん！」などではどうだろう。これらの意味は広く解釈の余地を残しており、ドライバーの行動を強いるものではない。それを無視してもいいし、「あれっ、どうした？」と気づきを与えることもあるだろう。意味の解釈に参加し、一緒に意味を見いだす余地が納得感や説得力につながるのである。

（3）自動運転システムのためのソーシャルなインタフェース〈NAMIDA⁰〉

ドライビング・エージェント〈NAMIDA⁰〉は、ドライバーの判断をサポートしたり、行動選択を上手に促すものであった。一方のレベル3の〈自動運転システム〉は、ドライバーからケアされる形で自律的な運転動作を行うものである。ここで紹介するソーシャルなインタフェース〈NAMIDA⁰〉は、ドライバーとのソーシャルなインタラクションを可能とし、ドライバーからのケアを上手に引き出すためのインタフェースと捉えることも可能だろう。

ひとまず押さえるべきことは、レベル3の〈自動運転システム〉がケアすべき「ソーシャルな存在」に帰属されることだろう。先ほど、従来の〈自動運転システム〉では、「高度に自律した機械」なのか（＝設計的な構え）、「なんらかの意思を持ち、それに沿って合目的に判断しているエージェント」なのか（＝志向的な構え）がまだ定まっていないことを指摘した。

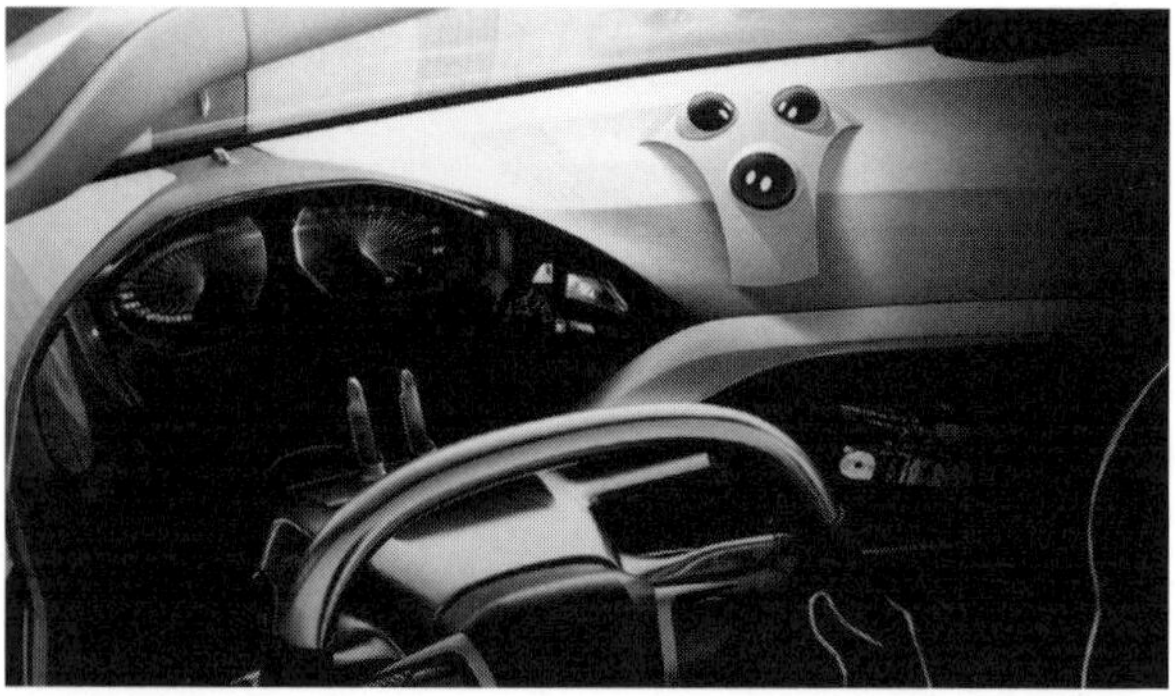

図5　自動運転システムのためのソーシャルなインタフェース〈NAMIDA〉
時には弱音を吐く自動運転システムはどうか.「うっ，ここはちょっと自信がないなぁ……」，いつも強がるばかりではなく，自らの弱さを適度に把握し，それ開示することも，ドライバーとの高度な連携に向けては必須の要件となる．

くわえてシステムが急に加減速する際に、「システム内部でどのような判断が働いてのことか」「いま、どんな状態にあって、なにを考えているのか」などが現状ではドライバーにほとんど伝わってこない。システムに寄り添うための手掛かりを欠いているのである。

わたしたちのラボで構築している、キョロキョロとしたシンプルな目の動きを伴うソーシャルなインタフェース〈NAMIDA〉は、〈自動運転システム〉のセンターコンソールに埋め込むことで、クルマ全体を〈ソーシャルなロボット〉にすることを目的としている（Nihan, et al., 2018）。

そのポイントの一つは、「志向性表示」や「社会的表示」のための機能である。いまシステムが「どこに注意を向けているのか」「なにをしようとしているのか」を示すことは、ドライバーから「志向的な構え」を引き出し、社会的な相互行為を組織する上でも、大切な手掛かりとなる。

もし〈自動運転システム〉がなんの前触れもなく急に減速するなら、「バッテリーが切れたのか、それとも故障でもしたのか」と驚いてしまうことだろう。しかし〈NAMIDA〉が前方の赤信号や歩行者に目をやりながら減速するなら、「あっ、横断歩道にいる人に気づいて、減速しようとしていたのか」と解釈のための手掛かりをドライバーに提供し、クルマの「減速」や「加速」に対して構えさせることができる。十字路を左折する際にも、〈NAMIDA〉の目の動きにより、次の行動を予測できる。「そろそろ左折するのかな……」と事前に構えることができるのである。

この〈NAMIDA〉は、他にもさまざまな機能を持たせることができる。一つには、ドライバーの視線を注意すべき対象に誘導するような動きである。例えば、物陰から飛び出してくる人に対して、あらかじめ構えさせることも可能となる。システムからドライバーに対する重要なコミュニケーション手段となるものだろう。

ドライバーの向ける視線の先を〈NAMIDA〉の視線が追いかけるような動きはどうだろうか。ドライバーの注意先を気にかけることで、ドライバーとの心理的なつながりや一緒にドライブしているような一体感を生み出し、その気持ちを分け合うことにもなる。クルマに寄り添いながら、一緒にドライブを楽しむことにつながるものだろう。

もう一つのポイントは、〈自動運転システム〉における〈不完全さ〉や〈弱さ〉の開示である。クルマは「高い安全性」を備えていることを責務としており、〈自動運転システム〉には高度な信頼性が求められる。その意味では、クルマの〈不完全さ〉などはドライバーに見せてはいけないものだ。

しかし雪道や霧深いような状況にあっては、〈自動運転システム〉内のセンサの信頼度なども低下してしまう。強がりをいいながら、突然にコントロールを破綻させてしまっては困る。その意味でセンサの信頼度に応じて、適度に〈不完全さ〉や〈弱さ〉をドライバーに開示するのも、一つの方法として有効なのではないかと思う。

ドライバーは、これまでの経験を生かし、道路状況から危険を予期したり、とっさに柔軟な判断をすることに長けている。けれども、ロングドライブなどでは疲れることもあり、不注意も生じやすい。一方の〈自動運転システム〉は、長時間のドライブでも疲れることはないけれど、いわゆる経験からくる勘や価値判断などの点では人にはかなわない。

ドライバーと〈自動運転システム〉とのかかわりにおいても、お互いの〈弱さ〉を補いつつ、その〈強み〉を引き出し合う関係が理想的に思える。そうした高度な協働を実現するには、いまの状態を相手にも参照可能なように適度に開示しておくことがポイントとなるだろう。いつも〈強がる〉ばかりではなく、自らの〈弱さ〉を適度に把握し、開示できる能力も〈自動運転システム〉には必要なのである。

(4) 二つの運転主体の融合に向けて

クルマの研究開発の分野でも「人馬一体」という言葉がある。ここでイメージしているのは、ドライバーと〈自動運転システム〉という、二つの運転主体の間での「持ちつ持たれつの関係」、そして

「わたしたち（we）としての一体感」である。ハンドル操作をドライバーに受け渡すハンドオーバーや自動運転から手動運転に切り替わるディスエンゲージメントなどのように、運転主体としての主導権を切り替えるのではなく、乗馬において乗り手と馬が一つになったかのように、ドライバーと〈自動運転システム〉との間でのシームレスで巧みな連携を行えることが理想だろう。その意味では、二つの〈運転主体〉がソーシャルな水準で連携するだけではなく、身体レベルでの協調について、その可能性を含めて議論しておく必要がある。

先に紹介したように、子どもと一緒に手をつなぎながら、公園のなかを一緒に歩くときは、どちらかが導くのではなく、相手の志向を自分の身体に住まわせるかのように、相互になり込み合いながら、お互いの志向を調整し合う。同時に、手をつなぎながら、お互いの行為をシームレスに制約し合ってもいる。〈マコのて〉のところでは、人との間での「相互適応」の考え方を紹介した。

これらを参考にしながら、わたしたちのラボで検討を進めているのは、公道を走る自動運転車ではなく、施設内の廊下などを走る、（半）自動運転機能を備えたパーソナル・ビークルである。ビークルと搭乗者とのソーシャルなインタフェースとしては、〈NAMIDA〉を使用し、さまざまな社会的表示やドライバーとの注視先の共有などを行う。まずは〈ソーシャルなロボット〉のようなパーソナル・ビークルということになる。

さらにポイントとなるのは、搭乗者とビークルの自動運転機能との身体レベルでの協調であり、運転に対する関与の深さ（ここでは「エンゲージメント」と呼ぶ）をシームレスに変化させることだと考えている。システム側が少し弱音を吐きそうなら、ドライバーが運転に対するエンゲージメント（＝制約）を強める。あるいはドライバーの疲労の程度に合わせて、システム側のエンゲージメントを強めるという考え方である。搭乗者の行動を強いることなく、ナッジ理論の考え方を応用し、その行動判断を自然な形で促すことも大切なポイントとなる。また、前章では多人数会話への参加の程度（これも「エンゲージメント」と呼ばれる）はシームレスであることを指摘した。運転に対するエンゲージメントや貢献を強めるには、この多人数会話へのエンゲージメントを強めることによっても可能だろう。

ビークルとのコミュニケーション手段としては、視線や会話などのソーシャルな要素にくわえ、搭乗者の座るシートやジョイスティックなどが利用できる。子どもと一緒に手をつないで歩いているとき、「子どもの手を軽く握ると、わずかな力で応えてくれる」感覚も重要なものだった。ビークルとの身体的なインタフェースでは、ハンドルやブレーキなどではなく、力覚フィードバックのあるジョイスティックや搭乗者の座るシートを介した意思伝達手段を検討している。

浜田寿美男によれば、「わたしたちの身体同士が出会うとき、必ずなんらかの形で志向のやりとりがなされることは、身体を持つものとして人間のきわめて本質的な条件である」という（浜田、一九九九）。ジョイスティックを傾けることで、相手に対して自分の志向を向ける。同時に、力覚フィードバックにより、ビークル側から搭乗者側に向けられた志向を感じ取る。ジョイスティックに触れた指先だけで、お互いの志向を調整し合う。このようにシステムとの間で、協調構造を介しての身体的なコミュニケーションが理想的なものに思われるのである。

さて、本章では人とロボットとの〈並ぶ関係〉でのインタラクションやコミュニケーションの可能性について検討し、後半では一つの応用先として、主体性を持ちはじめたクルマと搭乗者とのかかわりを検討してきた。「じーぶんで！」「じーぶんで！」と自己を主張しつつも、いつもまわりの人と依存し合うことで、ゆるい関係性、つまり〈ひとつのシステム〉を作り上げている、そんな姿を描いてみた。

本書を通して考えれば、一緒に歩くことに限らず、ティッシュを受け渡しするのでも、言葉足らずな発話で聞き手と一緒に言葉を生み出すのでも、他者との「あいだ」で気持ちや目的を共有し合い〈ひとつのシステム〉を作っていたといえるだろう。このことは「共有された志向性（shared intentionality）」や「we-mode」として、ここしばらく盛んに議論されてきたことでもある（Gallotti1 & Frith, 2013）。

ただ、相手と目が合い、歩調が合えば、あるところから「we-mode」に遷移するようなものではないのだろう。相互に身体的なやりとりを重ね、ゆるく依存し合うなかで「わたしたち（we）」として〈ひとつのシステム〉を生み出している。『ロボット――共生に向けたインタラクション』を標榜する本書の最後では、そうした姿を描こうと試みたのである。

あとがき

生まれて半年にも満たない乳児――。あおむけのままで手足をばたつかせ、せわしなく身体を動かす。ときおり、にこやかにこちらに視線を向ける。ちいさく舌を出してみたり、軽く唇を破裂させるようにして、まだ言葉にならない声を上げ続ける。

「あぶっ、あっ、ぶっぶー、ばっぶっぶっ」

「あっぶ、ぶぶー、ばっ、あわわわっ、ぶぶっ」

この間までは、ちょっとした唸り声を上げていたけれど、この頃では、まわりになにかを訴えかけているようにも聞こえる。ただ声を出すのを楽しんでいるだけなのか、それとも勝手に声が出てしまうだけなのか。もう少し大きくなったら、この喃語の意味するところを、本人に確認してみたいものだ。

少し肌寒くなってきたこともあり、子どもは長袖の肌着を着せられ、はじめてのタイツまではかされている。「こんなものを着せられて、ああっ、ぐぐっ……」と、そんなことが不満で先ほどから訴えかけているのだろうか。と、わたしたちは勝手に意味づけてしまう。

「いや、ダッコしてもらいたいんじゃないのかなぁ……」と、他の解釈も加わる。この喃語の意味するところを、「ああでもない、こうでもない」と、みんなで能動的かつ支援的に選び取ろうとするのだ。

この意味不明な〈声〉は、どうやら、わたしたちの関心やかかわりを引き出すことに成功している。「どうにでも解釈してくれ！」といわんばかり。それは外に対して開いており、その解釈をまわりに委ねている。いつの間にか、家族に囲まれた、とても豊かなコミュニケーションの場を生み出しているようなのだ。

まわりを上手に巻き込みながら、なにかを訴えようとする。しかも、わたしたちの経験や身体での感覚までを総動員させてしまう。まだ意識的なものではないにせよ、「まわりを上手に利用している」とすれば、とてもすごいことだと思う。少し誇張するなら、生き延びるための「生態学的な知」の芽生えのようなものを感じるのだ。

まぁ、それもちょっと考え過ぎだろうか。なにも考えずにただ唸っていただけ、自らの声の聞こえを楽しんでいただけなのかもしれないのだから……。

本書のなかで見てきたように、わたしたちヒトは、多様な環境に柔軟に適応していくために、進化の過程で冗長な自由度を備えた身体をあえて選び取ってきたのだという。同時に、まわりの環境を味方につけつつ、そこで〈ひとつのシステム〉を作りながら、冗長な自由度を上手に切り盛りしてきた。まわりと上手に折り合いをつけながら、なんとか自らの身体を律してきたのだ。

その意味で、自らのなかに閉じることなく、外に開いたもの、まわりを上手に利用できたものがたまたまそこで生き延びることができたともいえそうだ。少し短絡的だけれど、本書のなかでは、そうした事例をいくつも描いてみた。くわえてロボットを作り、動かしてみることで、そのプロセスをなんとかなぞろうとしてきた。

わたしたちがなにげなく一歩を踏み出そうとしても、自らのなかに閉じようとしていたのでは、ぎこちない「静歩行」になってしまう。地面に半ば委ねるようにして、その地面を味方にすることで、ようやく軽快な歩行（＝動歩行）を手に入れることができた。

〈お掃除ロボット〉も、「ぶつかるのを承知で、なぜコイツは壁に向かっていくのか」と思っていたけれど、この愚直さがポイントだったようだ。自らの〈不完全さ〉を隠さずにさらけ出す、つまり外に開くことで、まわりの人を上手に味方にすることができた。精緻に計画された、あらかじめ作り込まれたふるまいでは、部屋のなかの椅子やソファーは味方ではなく、むしろ障害物となってしまうのだ。

ティッシュをくばろうとしていた〈アイ・ボーンズ〉はどうか。自らの身体に内在する冗長な自由度は、柔軟性や適応性をもたらしただけでなく、他者との相互行為に向かわせた。自由度の一部を他者に委ねつつ、その自由度を減じてもらう。他者との間で協調構造という名の〈ひとつのシステム〉、くわえてソーシャルな関係を作り上げていた。

幼い子どもの言葉足らずな発話は、聞き手を上手に巻き込みながら、その多くを聞き手にも語らせてしまう。これはスマートスピーカーなどの流暢な発話にはできなかったことだろう。端正な発話にもかかわらず、どこかよそよそしさを伴い、聞き手を遠ざけていたようなのだ。

まだ少し独りよがりなところのある〈自動運転システム〉はどうだろう。これからの社会のなかで生き延びていくことができるのか。わたしたちの社会に受容されるものなのか。「共生に向けたインタラクション」をテーマとしてきた本書としては、もうしばらく、これからの展開を注視していきたいと思う。

ところで、わたしたちのラボの〈ゴミ箱ロボット〉は、いまどのような様子なのだろう。深層学習などの力も借りて、床に落ちているゴミもようやく見つけだせるようになった。でも、張り切り過ぎて、「ゴミを見つけました」「ゴミを見つけました」「その、ゴミ、拾ってください!」「拾ってください!」という声を上げていたのでは、みんなから煙たがられ、いつかソッポを向かれてしまうことだろう。わたしたちがロボットから指示されているようで、どうも具合がよくないのだ。

そうしたこともあり、この頃では「もこ語」なる言葉をマスターしようと余念がない。広場のなかを〈ゴミ箱ロボット〉たちがつかず離れずに歩きながら、「もっこもん」「もっこもん」「もっこもんもん!」と口ずさむ。どこか楽しげなのだ。

床に転がるゴミを目にすると「もこ!」といいつつ、そこに立ち止まる。あたりの人を探しては「もこー!」。だれかにゴミを拾ってもらうと、軽く会釈をするように「もーこもんもん!」。そして、「もっこもん」「もっこもん」「もっこもんもん!」と口ずさみながら、また歩きはじめる。

「もこ!」や「もこもんもん!」の意味は完結したものでなく、外に開いている。「どうにでも解釈してくれ!」というわけだ。これでまわりの人とオリジナルな意味を見いだせるのならおもしろい。

「もこもんもん!」は、「ありがとう!」でも、「もっと、もっと」あるいは「もう一つ、もう一つ」

に聞こえてもいい。その解釈の余地は、この言葉が生き延びていくためには、とても大切なものに思えるのである。

さて、シリーズ「知の生態学の冒険」の一冊として、本書のなかで考えてきたのは、「なにげなく」とか「行き当たりばったりに」ということの意味である。当初は学術的な言葉としてどうなのかと思っていたけれど、いつの間にか馴染んでしまったようだ。くわえて、「思わず」「気ままに」「当てもなく」などの言葉も多用していたようだ。

執筆の途中では、「共生に向けたインタラクション」というテーマに向けて、とても身構えてしまっていた。けれどももう少し気ままな論を展開してもよかったのではないかと、いま頃になって思う。わたしたちは「個として完結していること」を是とする文化のなかで育ってきた。だれもかれも「ひとりでできるもん！」を目指してしまう。しかし、わたしたちの本来の身体というのは、街のなかを歩くのでも、靴下をはくのでも、ティッシュをくばろうとするのでも、だれかとおしゃべりや散歩をするのでも、もっともっと力の抜けたものなのかもしれない。

わたしたちの研究活動はどうだろう。なにげなく、行き当たりばったりに――。それは必ずしも、手を抜くとか、自ら考えることをあきらめるというのではない。文化人類学者のレヴィ＝ストロースが『野生の思考』のなかで「ブリコラージュ」という言葉で紹介していたように、研究活動やロボット作りにおいても「あり合わせのものを生かす」「その場その場での出会いを生かす」ことがとても積極的な意味を持つようなのだ。

レシピを見ながらの料理（＝研究活動）は、完成度は高そうだけれど、どうも予定調和的でオリジナリティに欠ける。冷蔵庫のあり合わせで料理を作るように、まわりの制約を上手に味方につけてみる。それは「弱者の戦法」なのかもしれないけれど、思いがけない出会い（＝新たな知見）を引き寄せるための一つの身体技法のようにも思えるのである。

そうしたこともあって、本書もそれほど身構えることなく、多くの方々との思いがけない出会いを期待しつつ、ここに委ねてみたいと思っている。

なお本書は、これまでの多くの方々との幸運な出会いに恵まれて、出版されることになった。ここに記して、お礼を申し上げておきたい。

筆者が生態心理学に興味を持つきっかけは、佐々木正人先生の主宰する「アフォーダンス研究会」との出会いからである。筆者らの研究活動やロボット作りにおいて、かれこれ三〇年近く、佐々木先生の数多くの論考や生態心理学の影響を受けてきたことになる。

河野哲也先生との出会いは、『現代思想』（青土社）の「総特集 メルロ＝ポンティ 身体論の深化と拡張」（二〇〇八）への執筆に誘っていただいたことにはじまる。特集に収められた拙論が発端となり、拙著『弱いロボット』（医学書院、二〇一二）や筆者らの代表的な研究テーマである「弱いロボット」という言葉が生まれた。本書も、河野先生から本シリーズの執筆への誘いがなければ成立しなかったものである。

本書のなかで紹介してきたロボットたちは、筆者らの主宰する豊橋技術科学大学「インタラクションデザイン研究室（ICD－LAB）」の研究仲間である大島直樹さん、長谷川孔明さんをはじめ、多くの学生たちとの長年の協働の産物である。彼らのモノ作りマインドや遊び心にいつも大きな刺激を受けている。

本書にときどき登場する子どもの姿やふるまいは、筆者の家族とのなにげないかかわりをヒントに描かれている。いつも応援してくれる妻・欣子、娘・左織、新たに生を享けた孫娘の玲ちゃんに感謝したい。

なお本書のベースとなった研究は、次の研究助成を受けて実施された。

科学研究費補助金 基盤研究（A）：17H00903（研究代表者 河野哲也）「生態学的現象学による個別事例学の哲学的基礎付けとアーカイブの構築」。

科学研究費補助金 基盤研究（B）：18H03322（研究代表者 岡田美智男）「〈弱いロボット〉概念の微視的相互行為への展開と応用」。

最後に、本シリーズの編集委員の先生方、そして編集を担当された東京大学出版会の木村素明さんには、長い間、ご心配をおかけすることになった。これまでの数多くのアドバイスや支援に感謝したい。本当にありがとうございました。

二〇二二年一月

岡田美智男

引用・参照文献

麻生武（二〇〇二）『乳幼児の心理――コミュニケーションと自我の発達』サイエンス社
板倉昭二（一九九九）『自己の起源――比較認知科学からのアプローチ』金子書房
岡田美智男（一九九二）「音声言語システムの研究動向と今後の課題」『音響学会誌』四八（一）、三三―三八
岡田美智男（一九九七）「Talking Eyes――対話する「身体」を創る」『システム／情報／制御』四一（八）、三二三―三二八
岡田美智男（二〇一二）『弱いロボット』医学書院
岡田美智男（二〇一七）『〈弱いロボット〉の思考――わたし・身体・コミュニケーション』講談社
岡田美智男・三嶋博之・佐々木正人（編）（二〇〇一）『身体性とコンピュータ』共立出版
岡田美智男・松本信義・塩瀬隆之・藤井洋之・李銘義・三嶋博之（二〇〇五）「ロボットとのコミュニケーションにおけるミニマルデザイン」『ヒューマンインタフェース学会論文誌』七（二）一八九―一九七
香川真人・岡田美智男（二〇二〇）「球状変形ロボット〈Column〉を介した共同的あそびとそのおもしろさについて」『バーチャルリアリティ学会論文誌』二五（一）、九五―一〇六
川田拓也（二〇一〇）『日本語フィラーの音声形式とその特徴について――聞き手とのインタラクションの程度を指標として』京都大学博士学位論文
河原大輔・黒橋禎夫（二〇〇七）「自動構築した大規模格フレームに基づく構文・格解析の統合的確率モデル」『自然言語処理』一四（四）六七―八一
鴨田貴紀・角裕輝・竹井英行・吉池佑太・岡田美智男（二〇一〇）「Sociable Dining Table: 相互適応による「コンコン」インタフェースに向けて」『ヒューマンインタフェース学会論文誌』一二（一）、五七―七〇

串田秀也（一九九九）「助け舟とお節介——会話における参与とカテゴリー化における一考察」、好井裕明・山田富秋・西阪仰（編）『会話分析への招待』世界思想社、一二四—一四七
鯨岡峻（一九九七）『原初的コミュニケーションの諸相』ミネルヴァ書房
國分功一郎（二〇一七）『中動態の世界——意志と責任の考古学』医学書院
ゴッフマン、E、丸木恵祐・本名信行（訳）（一九八〇）『集まりの構造——新しい日常行動論を求めて』誠信書房
ゴッフマン、E、浅野敏夫（訳）（二〇一二）『儀礼としての相互行為——対面行動の社会学』法政大学出版局
佐伯胖（編）（二〇一七）『「子どもがケアする世界」をケアする——保育における「二人称的アプローチ」入門』ミネルヴァ書房
佐々木正人（二〇一五）『新版　アフォーダンス』岩波書店
佐々木祐哉・見目海人・香川真人・岡田美智男（二〇一八）「おぼつかないロボット〈ペラット〉における弱さの開示手法について」『ヒューマンインタフェースシンポジウム二〇一八論文集』六五八—六六一
中河伸俊・渡辺克典（編）（二〇一五）『触発するゴフマン——やりとりの秩序の社会学』新曜社
西阪仰（二〇〇一）『心と行為——エスノメソドロジーの視点』岩波書店
西脇裕作・板敷尚・岡田美智男（二〇一九）「ロボットの言葉足らずな発話が生み出す協調的インタラクションについて」『ヒューマンインタフェース学会論文誌』二一（一）、一—一二
長谷川孔明・林直樹・岡田美智男（二〇一九）「マコのて——並ぶ関係に基づく原初的コミュニケーションの研究」『ヒューマンインタフェース学会論文誌』二一（三）、二七九—二九二
バフチン、M、伊東一郎（訳）（一九九六）『小説の言葉』平凡社
バフチン、M、桑野隆・小林潔（訳）（二〇〇二）『バフチン言語論入門』せりか書房

浜田寿美男（一九九九）『「私」とは何か　ことばと身体の出会い』講談社
伏木ももこ・太田和希・長谷川孔明・大島直樹・岡田美智男（二〇二〇）「ドライビングエージェント〈NAMIDA^{0}〉におけるナッジ理論の応用について」『ヒューマンインタフェース学会論文誌』二二（四）、四四三—四五六
三嶋博之（二〇〇〇）『エコロジカル・マインド——知性と環境をつなぐ心理学』日本放送出版協会
水谷信子（一九九三）「「共話」から「対話」へ」『日本語学』一二（四）、四—一〇
三宅泰亮・山地雄士・大島直樹・ラビンドラ デシルバ・岡田美智男（二〇一二）「Sociable Trash Box: 子どもたちはゴミ箱ロボットとどのように関わるのか」『人工知能学会論文誌』二八（二）、一九七—二〇九
吉池佑太・遠藤高史・福井隆・大島直樹・ラビンドラ デシルバ・岡田美智男（二〇一二）「フェイス侵害度を考慮した多人数会話の組織化について」『ヒューマンインタフェース学会論文誌』一四（四）、四二五—四三六
渡邊淳司・ドミニク・チェン（編）（二〇二〇）『わたしたちのウェルビーイングをつくりあうために——その思想、実践、技術』ＢＮＮ新社
ワーチ、Ｊ、田島信元ほか（訳）（二〇〇四）『心の声——媒介された行為への社会文化的アプローチ』福村出版
Bartneck, C., Belpaeme, T., Eyssel, F., Kanda, T., Keijsers, M., & Sabanovic, S. (2020). Human-Robot Interaction: An Introduction. Cambridge University Press.
Bernstein, N. A. (1996). Dexterity and its development. Lawrence Erlbaum Associates.（ベルンシュタイン、N、工藤和俊（訳）、佐々木正人（監訳）（二〇〇三）『デクステリティ巧みさとその発達』金子書房）
Dennett, D. C. (1996). Kinds of Minds: Towards an Understanding of Consciousness. Weidenfeld & Nicolson.（デネ

ット、D、土屋俊（訳）（一九九七）『心はどこにあるのか』草思社）
Edwards, D., & Middleton, D. (2009). Joint remembering: Constructing an account of shared experience through conversational discourse. Discourse Processes 9(4), 423–459.
Gallottil, M., & Frith, C. (2013). Social cognition in the we-mode. Trends in Cognitive Sciences 17(4), 160–165.
Gibson, J. J. (1979). The ecological approach to visual perception, Houghton-Mifflin.（ギブソン、J、J、古崎敬ほか（訳）（一九八五）『生態学的視覚論――ヒトの知覚世界を探る』サイエンス社）
Goodwin, C. (1981). Conversational organization: Interaction between speakers and hearers. Academic Press.
Johansson, G. (1973). Visual perception of biological motion and a model for its analysis. Perception & Psychophysics 14, 201–211.
Kaye, K. (1982). The Mental and Social Life of Babies: How parents create persons. The University of Chicago Press.（鯨岡峻・鯨岡和子（訳）（一九九三）『親はどのようにして赤ちゃんをひとりの人間にするのか』ミネルヴァ書房）
Kugler, P. N. and Turvey, M. T. (1987). Information, Natural Law, and the Self-Assembly of Rhythmic Movement. Lawrence Erlbaum Associates.
Mayumi, R., Ohshima, N., & Okada, M. (2019). Pocketable-Bones: A Portable Robot Sharing Interests with User in the Breast Pocket. Proceedings of the 7th International Conference on Human-Agent Interaction, 211–213.
Neisser, U. (1995). Criteria for an ecological self. In P. Rochat (Ed.), *Advances in psychology, 112. The self in infancy: Theory and research* (17–34). Elsevier Science Publishers.
Nihan, K., Tamura, S., Fushiki, M., & Okada, M. (2018). The Effects of Driving Agent Gaze Following Behaviors on Human-Autonomous Car Interaction. Social Robotics. ICSR 2018. Lecture Notes in Computer Science 11357,

541–550, Springer.

Ohshima, N., Ohyama, Y., Odahara, Y., De Silva, R., & Okada, M. (2014). Talking-Ally: The Influence of Robot Utterance Generation Mechanism on Hearer Behaviors. International Journal on Social Robotics 7(1), 51–62.

Pfeifer, R., & Scheier, C. (1999). Understanding Intelligence. MIT Press.（ファイファー、R、シャイアー、C、石黒章夫・小林宏・細田耕（監訳）（二〇〇一）『知の創成――身体性認知科学への招待』共立出版）

Reed, E. S. (1996). Encountering the World: Toward an Ecological Psychology. Oxford University Press.（リード、E、細田直哉（訳）（二〇〇〇）『アフォーダンスの心理学――生態心理学への道』新曜社）

Smith, L. B. and Thelen, E. (1996). A Dynamic Systems Approach to the Development of Cognition and Action. MIT Press.

Takeda, Y., Miyake, T., Uto, H., Yoshiike, Y., De Silva, R., & Okada, M. (2010). COLUMN: A Novel Architecture for Transformable Artifact. Proceedings of Virtual Reality International Conference, 271–277.

Thaler, R. H., & Sunstein, C. (2009). Nudge: Improving Decisions About Health, Wealth, and Happiness. Penguin.（セイラー、R、サンスティーン、C、遠藤真美（訳）（二〇〇九）『実践 行動経済学』日経ＢＰ社）

Yamaji, Y., Miyake, T., Yoshiike, Y., De Silva, R., & Okada, M., (2011). STB: Child-Dependent Sociable Trash Box. International Journal of Social Robotics 3(4), 359–370.

岡田美智男（おかだ・みちお）

豊橋技術科学大学情報・知能工学系教授．工学博士．専門はコミュニケーションの認知科学，社会的ロボティクス，ヒューマン・ロボットインタラクション．主要著書に『弱いロボット』（医学書院），『〈弱いロボット〉の思考――わたし・身体・コミュニケーション』（講談社現代新書），『ロボットの悲しみ――コミュニケーションをめぐる人とロボットの生態学』（共編著，新曜社），『わたしたちのウェルビーイングをつくりあうために――その思想，実践，技術』（分担執筆，ビー・エヌ・エヌ新社）ほか．

知の生態学の冒険　J・J・ギブソンの継承 1
ロボット　共生に向けたインタラクション

2022 年 3 月 11 日　初　版

［検印廃止］

著　者　岡田美智男

発行所　一般財団法人　東京大学出版会

代表者　吉見俊哉

153-0041 東京都目黒区駒場4-5-29
http://www.utp.or.jp/
電話　03-6407-1069　Fax 03-6407-1991
振替　00160-6-59964

装　幀　松田行正
組　版　有限会社プログレス
印刷所　株式会社ヒライ
製本所　牧製本印刷株式会社

ISBN 978-4-13-015181-8　Printed in Japan